THE CURIOUS
BARTENDER

U0239903

THE CURIOUS
BARTENDER

〔英〕特里斯坦·斯蒂芬森◎著　程晓东◎译　曾凤仪◎审订

好奇的调酒师

全面掌握调制完美鸡尾酒技艺的精髓

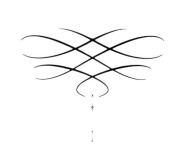

北京科学技术出版社

Text copyright © Tristan Stephenson 2013,Design,
photography, and illustration copyright © CICO Books
2013,First published in the United Kingdom under the title
The Curious Bartender by CICO Books, an imprint of Ryland
Peters & Small Limited, 20-21 Jockey's Fields, London
WC1R 4BW
Simplified Chinese translation copyright © 2018 Beijing
Science and Technology Publishing Co., Ltd.

著作权合同登记号　图字：01-2017-0123

图书在版编目（CIP）数据

　　好奇的调酒师：全面掌握调制完美鸡尾酒技艺
的精髓 ／（英）特里斯坦·斯蒂芬森著；程晓东
译.—北京：北京科学技术出版社，2018.7（2024.6
重印）
　　书名原文：the curious bartender
　　ISBN 978-7-5304-9638-1

　　Ⅰ.①好… Ⅱ.①特… ②程… Ⅲ.①鸡尾
酒－调制技术 Ⅳ.①TS972.19

中国版本图书馆CIP数据核字（2018）第071873号

策划编辑：廖　艳
责任编辑：刘瑞敏
责任印制：李　茗
图文制作：天露霖文化
出版人：曾庆宇
出版发行：北京科学技术出版社
社　　址：北京西直门南大街16号
邮政编码：100035
电　　话：0086-10-66135495（总编室）
　　　　　0086-10-66113227（发行部）
网　　址：www.bkydw.cn
印　　刷：北京宝隆世纪印刷有限公司
开　　本：710mm×1000mm　1/16
字　　数：120千字
印　　张：12.75
版　　次：2018年7月第1版
印　　次：2024年6月第9次印刷
ISBN 978-7-5304-9638-1/T·980

定价：69.00元

京科版图书，版权所有，侵权必究。
京科版图书，印装差错，负责退换。

CONTENTS
目录

简 介

你好，欢迎你，非常高兴你打开了这本书！

调酒艺术并不简单，这与人们所熟知的服务行业恰恰相反。这本书主要介绍混合饮料中的科学道理，但是我认为应该在开始的时候强调一下调酒本身所具有的艺术性，这也是非常重要的。你可以学习科学原理，也可以记住配方，但这只是成功的一半。而另一半则是做一名健谈的侍者为客人提供服务，当然还要表现得很轻松，这一半就很难学了，而且更难教。要做到这些，很大程度上来自你的自信（就像我一样），同时也需要你具有很强的娱乐精神和与人闲聊的能力，并且还要愿意一遍又一遍地闲聊。戴夫是我18岁的时候在康沃尔的同事，他50多岁，有些特别的人很喜欢他。几十年间，戴夫把站吧台、倒酒、聊天和招待客人这些工作做得炉火纯青、游刃有余，整个过程完全无缝连接。

即便如此，实际操作和专业技术毫无疑问也派得上用场。在过去的10年里，我竭尽所能地收集鸡尾酒的相关知识，这本书就是10年努力的结晶。下面我将讲述我职业生涯的故事，介绍对我产生影响的人，以及那些成就了我的新发现。

开始

我以前从来没有打算要做一名调酒师。还记得在学校里的职业会议上，我更关注于平面设计、表演以及电影制作。但我认为我最终选择的职业与我的初衷并非大相径庭。好比平面设计师，我需要具有创造力，能够把概念变成真实存在的事物；好比舞台剧演员，我有一个能够让我表达和表演的舞台；又好比电影导演，我成了一名夜生活策划师。

从大学退学之后，我回到了我的家乡康沃尔，在酒吧和餐馆工作。尽管感觉到有些挫败，但也并非一败涂地。有一件事我当时不太懂，但是现在却非常明白，那就是在接下来5年的时间里，我遇到了许多经理和老板，他们给了我充分的创作自由和发展机会。在本地酒吧当帮厨1年多之后，我去了康沃尔郡波尔泽斯市一家新开的餐馆，餐馆名字叫蓝色番茄，那年我19岁。我跳槽的目的是想要提升我的厨艺和排名，但不巧的是当时厨房已经满员了，所以最后我只能在吧台工作。当时我们那里有两名调酒师，我是资历比较浅的那个，所以在那名经验丰富的调酒师离职后，我只用了两天就成功晋级了，在不到一周的转行阵痛期之后，我就开始管理我人生中的第一个吧台，而我作为鸡尾酒调酒师的职业生涯也迎来了一个良好的开端。

我虽然成功晋级，但是没有人能给我提供任何指导，这是我当时面对的最大的困难。我第一次为客人调制鸡尾酒时，完全是自己按照酒谱上面的说明照猫画虎调出来的，后来餐馆老板从单子上随机选出16种酒让我练习调制，那些真可以算是最最经典的鸡尾酒了。也是从那时开始，我走进了鸡尾酒的世界，从马天尼、曼哈顿、朱丽普，到古典鸡尾酒、威士忌酸酒都包含在内——所有这些酒到现在我还非常喜欢调制，当然也都写进了这本书里。有一天早晨，为了用心学习调酒，我打算把单子上所有的酒都调一遍，2个小时之后，整个吧台就像被炸弹炸过一样，不过我调出了16款精美绝伦的鸡尾酒。我记得当老板走进吧台时，他说："我想我已经找到鸡尾酒调酒师了。"如果没这次鼓励，真不知道我能否从当时的困惑中走出来。

我那时一定是做得还不错吧——吧台很忙碌，鸡尾酒也非常受欢迎。我把所有的时间都花在完善鸡尾酒酒单和研究新鸡尾酒上，还阅读了许多关于鸡尾酒的书籍和调酒手册。我每天选择一款鸡尾酒作为主题，刚开始的选题就来自西蒙·迪弗德在2001年出版的《鸡尾酒调味指南》，但是经过18个月、500余款鸡尾酒主题之后，我开始创作属于我自己的鸡尾酒，并且把它们卖给客人。一款鸡尾酒从构思、混合、呈现到最后看到一个人享用它，甚至再点一杯，那种美妙的感觉简直让我上瘾。我在厨房里和主厨一起琢磨，在鸡尾酒里使用不寻常的材料（起码当时是很不常见的），比如泰国青柠叶、芫荽和葛缕子。我也是从那时候开始使用精品伏特加、利口酒和日本威士忌（这在当时的英国都是人们闻所未闻的）来调制鸡尾酒的。

中期阶段

在蓝色番茄餐厅工作了两年，度过了两个繁忙的暑假之后，我准备要进一步发展我的事业。幸运的是，命运非常眷顾我。杰米·奥利弗准备在纽基的水门湾开十五号连锁餐馆的第三家分店，距离我家开车大约30分钟的路程。我申请了吧台经理的职位。据我所知，这可能是当时康沃尔最顶级的调酒师职位了，说不定还是世界上最顶级的调酒师职位！面试结束之后，我打电话确认了一下面试是否成功，结果我当时就被录取了。想到可以在如此高规格的酒吧，和一些志同道合的人一起工作，我简直欣喜若狂。整个项目斥资150万英镑，而我也将拥有自己崭新的酒吧和一支充满热情的团队，还有一群热情的客人。

结果，这个酒吧的设计很糟糕，而且根本就没有团队（还是只有我一个人），但是这些问题在开业的头几个月我就已经克服

了，毕竟将来如果要开一家属于自己的酒吧，这些都是我需要面对的挑战，尽管这在当时还是一个让人难以置信的梦想。我拉来了几个当时在蓝色番茄餐厅跟我一起工作的朋友，我们一起把各项工作落到实处。十五号餐厅最棒的地方就是可以获取令人不可思议的当地季节性的材料。仅仅过了5个月，我就重新设计了鸡尾酒酒单，当中包含了最具有原始风味的、最具时令灵感的材料。我雇了一个当地人帮我搜罗各种新奇的材料，比如野牛蒡、辣根、沙棘、荨麻。餐厅还有来自附近的有机原料生产商，在这里我也可以买到一系列可食用花卉，比如锦葵，还有琉璃苣。我沉醉于研究材料的原产地和有机性，甚至还带领团队打造出属于我们自己的"健康"软饮系列，包括可乐、蒲公英和牛蒡、姜汁啤酒，还有柠檬汁。我还在食物和饮品的搭配上下了一番功夫，跟十五号餐厅的主厨一同开发出能够和古典与现代鸡尾酒相搭配的不同菜品。我还利用康沃尔当地原产的咖啡豆开发出一种原创的咖啡，世界各地的许多人都非常喜欢。我的手艺日臻完美，这也是为什么在几年之后我能在康沃尔的伊甸园项目中收获、加工并烘焙属于我自己的咖啡豆。在2007年和2008年的英国咖啡师锦标赛中，我分别获得了第七名和第三名的好成绩。

在鸡尾酒的领域中，还有许多事情需要我去学习，经过那些彻夜苦读的日子，我懂得越来越多（我的妻子劳拉也是这样）。帝亚吉欧公司是世界上最大的优质烈酒生产商，他们邀请我当他们的品牌代言人。许多人跟我说如果我打算离开十五号餐厅，那我真是疯了，毕竟我通过杰米·奥利弗在电视上制作了我自己的鸡尾酒，而且已经在一些电视节目上露面，名望与财富触手可及。但是新的工作却能够带给我认识新朋友，还有学习和发展的机会。

这项工作确实非常艰巨，因为这意味着

我要培训一些来自英国顶尖酒吧的调酒师。我记得我充满焦虑地问托马斯·艾斯克，如果遇到有的调酒师比他懂得还多，该怎么处理呢？托马斯·艾斯克是我做品牌代言人的同事（后来变成我的商业伙伴），他再三跟我说不必担心。为了应对这种焦虑，我把自己泡在书海里，学习关于烈酒生产、风味化学、鸡尾酒历史以及通史的知识。我还开始接触蒸馏器，目的就是让自己尽可能多地储备知识。最终我完全能够胜任这项工作，并且做得越来越好，可以回答调酒师们提出的最难的问题。

业余时间里，我开始自己在家酿造啤酒和苹果酒，并且把我第一年的奖金全部投进去，把我家的车库改造成了一个酿酒室，置办了一个30升的不锈钢蒸馏器。以前我在暑期干过水管工，那时候学习了一些管道知识的皮毛，现在全都用上了，蒸馏器的冷却管和加热管都是我自己组装的。同时，我还加入了洛克当地夏普啤酒厂的啤酒品酒会，当时夏普啤酒厂的规模还很小，但我还是竭尽所能地跟首席酿造师斯图尔特·豪学习了许多关于酵母和发酵学的知识。在此期间，我非常有幸参观了全世界许多酿酒厂，包括法国、墨西哥、荷兰以及苏格兰的酿酒厂，这让我对于酒的生产过程有了更加深入的了解。我还开始对当时大热的"分子调酒"进行了短暂的研究，但是后来我逐渐对分子调酒不感兴趣了。

从一开始我就意识到把前瞻性的烹饪技术和亘古不变的经典鸡尾酒结合起来，那一定很有意思。把科学和历史相融合，让现代与古典擦出火花，让饮品讲述更加丰富的故事，这会给人带来更大的吸引力。还有比这更棒的吗？早期阶段，有许多新技术受到了经典派的诟病，比如滥用泡沫和过度球化。但是我认为，很显然一直以来许多现代技术都可以和经典鸡尾酒和谐融合，只要我们正确而适度地对新技术加以运用，就不会动摇

鸡尾酒的根本。

我在做品牌代言人的时候，最大的收获就是对酒吧有了整体的认识。我在许多酒吧做过培训，如米其林星级餐厅酒吧、大型夜总会、品牌酒店酒吧、精品酒店酒吧、平价酒吧、经典鸡尾酒酒吧，还有小酒馆，基本上你能想到的任何类型的酒吧我都去做过培训。我会看一看他们是怎样操作的，哪里做得好，哪里做得不好。

又一次开始

在帝亚吉欧公司工作两年半之后，我决定要进一步发展，但是这次的情况不一样，我的妻子劳拉很体贴我，她准备和我一起离开康沃尔，搬到伦敦去。是时候和托马斯·艾斯克（我以前在帝亚吉欧公司的同事）一起开一间属于自己的酒吧了！是的，我们就是这么做的。

在珀尔酒吧开业之前，我和托马斯曾看到过许多世界顶级的调酒师调制出惊艳的鸡尾酒，许多非常棒的鸡尾酒只是在调酒大赛上呈现过，却很少出现在任何酒吧的酒单上，普通的消费者从来没有机会尝试这种有着现代仪式感的饮品，或者用古董级别的玻璃器皿盛放的鸡尾酒，抑或那些背后隐藏着真实故事的原创饮品，这对于我们来说真的太可惜了。于是我们开始改变这一切，我们要把珀尔酒吧打造成鸡尾酒爱好者的天堂。

珀尔酒吧的设计初衷是要呈现出一个散发出具有鸡尾酒历史感的所在，这也是为了向《萨沃伊的鸡尾酒》的作者杰瑞·托马斯教授和几年来对我产生深远影响的前辈们致敬。我们的第一版酒单中有一半是经典鸡尾酒，另一半是超现代的鸡尾酒，这些超现代鸡尾酒运用了我们所掌握的所有最前沿的技术（事实上这本书的结构也类似这种搭配）。

为了确保供应这些运用前沿技术的饮品，我们日复一日地努力，后来我们把酒吧和有餐前准备的餐馆结合起来，餐馆在上午

晚些时候开始营业，比我们的营业时间早几个小时。我们购买了便携式鱼缸泵、奶油枪（见第30页）、苏打虹吸瓶（苏打枪）、龙头装置液氮（见第42页），每天还有人给我们送一块10千克的干冰，我们每天要用20千克的晶莹剔透的冰块，然后用冰锥手工碎冰，后来我们的星崎制冰机经过三次升级，最终达到我们的制冰要求。珀尔酒吧是一个很大的成功，由于我们供应的鸡尾酒夸张、新颖，且富有创意，很快珀尔酒吧在英国就享有了顶级酒吧的盛誉。

继珀尔酒吧之后，我们在伦敦的肖迪奇开了崇拜街口哨店（Worship Street Whistling Shop），在风格上以维多利亚大酒店为模板，并且按照其调酒室的规格配备材料和酒品开发的设备。在这里我与瑞恩·柴提亚瓦达那有过非常紧密的合作，我们一起开发分子鸡尾酒分解和重组技术，这种前沿技术令人十分兴奋。我们还在压力锅和玻璃漏斗外面装上蒸馏器，使用旋转蒸发器通过冷提取的方法提取出精美的鸡尾酒装饰品，利用各种各样的酸、盐（见第25至第27页）和碾成粉末的配料做出我们所能做的最棒的饮料。

那对我来说真是一段美好的时光——就好像第一次学习调制鸡尾酒一样。我开始热切地学习风味学，由食物和饮料的混合物所产生的味觉和香气，到人类的神经系统、多重味觉和味觉神经都深入学习。通过这些研究，我成了一名出色的化学家、生物学家、心理学家和风味学家，就像托尼·布莱克、查尔斯·史宾斯、哈维·蒂斯、高登·谢福德及哈罗德·麦吉那样。

然而这还是没有满足我的好奇心。我开始自己进行实验，深入研究那些会对鸡尾酒的观感产生影响的物质。

如今

这本书的目的是要把鸡尾酒的核心价值融汇在一起。跟其他的事物一样，先要了解它的来龙去脉，才能够将其发扬光大。烈酒和鸡尾酒背后所蕴含的历史和文化，跟你喜欢谈论的其他话题一样丰富多彩。随着时间的流逝，我受到许多启发，无论是来自饮品自身，还是让人沉醉的周边文化，或是普通民俗，或是某个时代的奇闻轶事，甚至是一只普通的玻璃杯，可能对于某个时代而言都是非常特别的存在。怎样把历史和科学结合在一起是最最棘手的问题，调酒师们对于应该坚持传统还是敢于创新改良的问题争论了很长时间。仅仅把材料随意混在一起，怎么可能把一款超过100年历史的鸡尾酒完全复制出来呢？本书中介绍的许多款饮品，我都是致力于通过严选特殊的配料和技法来进行优化，目的是在保持同样功能性的前提下，通过运用现代化的工具和材料，使人享受到更好的饮酒体验。当然了，有时候可能我觉得这是香甜无比的美酒，而有的人却觉得那简直是一场噩梦，毕竟众口难调，就像对于食物的喜好不同一样，每个人喜欢的味觉感受也都不尽相同。如果要达到你对味觉的期待，甚至超越这种期待，关键是要能够再现那种味觉体验。

本书中的一些酒谱比较长，但愿这不会打消你阅读的积极性，或是影响你对于这款酒的品味和享受。我的目的是要带你一步一步地体会整个思考的过程，勿有所遗。通过我的职业生涯，我深深地体会到，有些细节看起来很不起眼，但却有可能让你对全局产生更加全面的认识，而这本书和其他介绍鸡尾酒的书有一点不同之处，就是着力于挖掘这些细节。也许你会试着严格按照本书的酒谱进行调制——如果是这样的话我将非常开心，或者你会根据自己的喜好或根据自己平时调酒的相关性酒谱进行调制，无论怎样我都希望这本书里的信息能够帮到你或者给你带来灵感。

本书使用指南

本书大体分为两大部分，调酒技术和酒谱。它不仅是一本酒谱大全，更包含了品酒历史以及如何成为一名现代调酒师的方法。

调酒技术部分包含了所有经典的调酒技法，从怎样搅拌鸡尾酒或者怎样选择材料，到怎样澄清果汁或者怎样使用液氮，不一而足。许多主题都包含在鸡尾酒的章节里，所以你可以把调酒技术部分当作参考。

酒谱的顺序是按照烈酒的类别排列的——比方说，以伏特加作为基酒的鸡尾酒会被分在同一组。同时，我还在本书中列出了一个味觉示意图（见第16页至第17页），示意图把每一款经典鸡尾酒的味道按照不同味觉的强度进行轴向排列，你可以根据特定的鸡尾酒风格或特定的情景来选择你想要调制的鸡尾酒。

本书中的所有鸡尾酒都是成对分组的。有些酒品是特意为这本书而研制的，有些大概在10年前就已经开始开发了，还有些是我初次在酒吧工作时调制过的（这些酒对于非专业的鸡尾酒爱好者也是非常好的起点）。本书中共收录了33款经典鸡尾酒，并详细介绍了其历史背景、创始人和酒谱。只要具备基本的酒吧设备（有时甚至这些设备也不需要），本书中的每种鸡尾酒都可以在家里被调制出来。每种经典鸡尾酒都有另一种酒与之搭配，配酒是我宽泛地选取能够与其成为经典搭配的材料自创而成的。我认为有些原创鸡尾酒的酒谱已经非常成熟了，如果没有必备的工具是不可能复

制成功的。我把相应的工具都写在书里了：对于鸡尾酒爱好者们而言，可以增加他们的阅读趣味；对于专业的调酒师而言，如果想要尝试调制的话，也提供了足够的详细信息。我把这叫作"不可能的调酒术"。

除非特殊情况，每份酒谱都是一人份的量。当然，你可以两倍、三倍，甚至十倍增加材料的用量，一次性调出多份——但要确保一点，就是所有材料都要进行均匀而充分的处理！少数酒谱是超过20人份的量，而且这类酒通常是需要成批处理的，需要进行橡木桶熟化或装瓶熟化，或者这种酒是一种传统的用大容量容器盛放的酒，比如宾治碗。

本书中许多复杂的酒谱中还会有分酒谱——也就是酒谱中某一种材料的配方，通常这份分酒谱是多人份的用量，而且我还提供了如何在家中储存这些自制材料的方法。这些分酒谱是按照调制的步骤顺序排列的。在你开始调酒之前，有必要先确认一遍每个步骤需要用到什么材料。比如自由古巴1900（见第172页）中用到3种不同的材料，而这3种材料是按照使用的先后顺序排列的——7X风味需要用在可乐配方里，而这款鸡尾酒的成品是需要用可乐配方调制出来的。

在你阅读这本书的时候，我假定你已经有了基本的工具——摇酒壶、量杯等。一般家庭不常备的专业工具已经用黑体字标注出来了，所以你一眼就可以看出你需要用什么工具了。

基础知识

虽然这本书中介绍了一些复杂的酒谱和制作鸡尾酒的先进技术，但是它同时也是为非专业的家庭调酒师和鸡尾酒爱好者设计的。考虑到这一点，我写了"基础知识"这一部分——主要介绍调酒需要用到的一些工具和原料。所以无论你是第一次拿起摇酒壶的初学者，还是经验丰富的专业调酒师，你都有可能在这一部分学到一些东西。

基本工具

事实上，现如今调酒师和鸡尾酒爱好者所能买到的调酒工具真是各式各样、琳琅满目。但也许与你所想的相反，要调制上乘的鸡尾酒，你并不需要买很多工具。本书中至少半数以上的鸡尾酒只需要用到简单的摇酒壶、调酒杯、吧勺、量酒器、滤冰器和冰。如果你想把工具准备得齐全一些（尤其是如果你想要尝试一些我自创的鸡尾酒的话），我推荐你准备好电子秤、水果削皮刀、适用的专业刀具以及大号注射器，我曾经带着和上述差不多的装备到世界各地去旅行，在需要时，我仍旧可以成功地为大家调制一点令人愉悦的鸡尾酒。

饮品的品质可以直接反映出工具的质量和价格。但是我们又不是在建房子。尽管有些现代调酒师运用的技术中蕴含着一些复杂的因素，但是大多数情况下其实无须使用那么高规格的工具。要榨柠檬汁或是青柠汁，不必非要用带有精致齿轮的柑橘榨汁器（也叫墨西哥榨汁器）；取冰也不必非要用银制的冰夹，用大拇指和食指也可以搞定。

我在任何一家酒吧轮班时都会在调酒时把用得上的工具都用上，因为这也是酒吧表演的一个重要部分。下面是一些常见调酒工具及其用法。

吧勺

如果你想要花钱买一件精美的调酒工具，那就买吧勺吧。吧勺有很多不同的长度和宽度的选择，有些吧勺一端为平的圆片，有些带一个叉子，有些什么都没有。

吧勺的圆片可以减缓液体流速以形成分层效果。许多调酒师用它来捣碎材料，但在目睹金属撞击会磨损甚至击碎高球杯后，我通常不建议这么做。

勺柄的叉子其实挺怪异的。从逻辑上说，它可能是用来叉起橄榄或者樱桃的，但事实上它肯定不是当叉子用的。一些日本调酒师（这种吧勺正是起源于日本）曾经告诉我，这个叉子就是为了做出吧勺旋转时反射出灯光的视觉效果。

量酒器

量酒器有各式各样的形状和尺寸，但是它们的功能都一样——量取液体。使用任何一种量酒器都可以调制任意一款鸡尾酒，只要材料的配比是固定的，选择量酒器的规格取决于你要调酒的分量。

我在写这本书的时候，流行使用双头锥形量酒器，一头是标准的 50 毫升容量，另一头是 25 毫升容量。当然，市面上有各种规格的量酒器，适合于不同的使用习惯。也会有小一点或大一点的量酒器。

有的调酒师更喜欢用厨师的量匙，就是那种用钥匙环串起来的普通量匙，大约 6 个一串。这种方法能达到非常好的精确度，但是使用和清洗却比较烦琐。

最好的方法就是用几个内侧有刻度的量酒器，这样可以轻松而准确地量出任何你想要的容量。

摇酒壶

跟量酒器一样，摇酒壶也有很多种类。如果你研读一下不同时期关于摇酒壶的资料，你一定会对人类仅仅为了把液体和冰块放在一起摇匀，就发明出这么多种精巧的摇酒壶感到惊讶，甚至感到困惑。

现代摇酒壶几乎全都是用不锈钢制作的。这种材料价格适中，而且易于清洗，因此是制作摇酒壶的上佳材料。钢的导热性也比铜、铝和银的导热性差，因此不会很快的冷却或加热。对于鸡尾酒摇酒壶而言，这是非常理想的特性，这就意味着冰块可以在摇酒壶里最大限度地发挥冷却鸡尾酒的作用，而不是用摇酒壶或是空气来冷却。如果用银、铜或铝来制作摇酒壶，会适得其反，冰块的温度很快就会被摇酒壶的内壁吸收，最后鸡尾酒的品质就会大打折扣。

最近，有些其他金属也被用来制作高品质非导热摇酒壶，钛就是其中之一。钛的导热性只有铜的1%，具有如此低的导热性，钛几乎可以说是热量的绝缘体了。钛还具有非常高的耐腐蚀性。当然了，一分价钱一分货，要买一个钛摇酒壶，大概需要150英镑！塑料摇酒壶的热传导性甚至比钛摇酒壶还要低，而且价格要低廉得多。最棒的摇酒壶应该用苯乙烯泡沫胶制作，因为这种材料完全不具有导热性，但是据我所知现在还没有这种材料的摇酒壶。不过说真的，用塑料摇酒壶或是苯乙烯泡沫胶摇酒壶调酒，看起来并不怎么酷啊！

摇酒壶的容量要随着液体的含气量和乳化作用强度（比如用到表面活性剂或者蛋白的时候，见第46页至第49页）的增加而增加，这样可以给气体留出更多空间，或者更加充分地产生乳化作用。很显然，摇酒壶的容量越大，能盛的酒就越多，在我的书里，这一直都是个好事哦！

（要了解更多关于不同摇酒壶的优缺点，以及摇和类饮料和搅拌类饮料所涉及的专业知识，请参阅冰，摇和与搅拌，见第20页至第24页。）

调酒杯

想当年我第一次拿起吧勺的时候，调酒杯还很少见。搅拌类饮料都是在波士顿摇酒壶的玻璃杯里做出来的，但是这很不方便，因为这种波士顿摇酒壶的玻璃杯没有倾倒液体的槽口，所以必须要倒得非常快，才能避免饮料沿着杯壁流出来！

现在市面上可以买到各式各样的调酒杯，价格差别也很大。在选择调酒杯的时候，主要还是看倾倒是否流畅，搅拌是否顺手。当然倾倒的流畅度是最重要的，毕竟搅拌动作可以调整，但是一个劣质的调酒杯在倾倒时往往不怎么流畅。

通常调酒杯都是用玻璃或水晶制作的。日本的 Yarai 调酒杯具有很高的品质和良好的功能性，因此最近非常走俏。这种调酒杯价格确实不菲，不过你也只需要买一个而已。

加仑调酒杯也非常流行，因为这种调酒杯是人工吹制而成，而且产自著名的玻璃制品之乡——意大利威尼斯附近的穆拉诺岛。这种调酒杯的特别之处在于它杯口处向顶部弯曲，这样能够避免冰块从杯子里掉出来，非常实用。这样的设计不仅仅是能够让你在倾倒液体的时候不必使用滤冰器，而且在需要搅拌饮料的时候，你只要旋动调酒杯就可以了——根本用不着吧勺了！

玻璃器皿

尽管我写了很多关于酒杯品质、主题以及新颖程度的重要性，但是说实话，90%以上的鸡尾酒都可以用以下三种酒杯盛放——

碟形杯、高球杯和古典杯。一只容量适中的碟形杯既可以倒一杯迷你马天尼，也可以倒一杯分量较大的摇和类鸡尾酒，比如边车。150ml 的容量通常就可以了，这样的杯子在盛放马天尼的时候不会只满半杯，盛放大都会也不会满到杯口。高球杯和古典杯的容量通常都差不多，只是一个是细高形的（高球杯），一个是粗矮形的（古典杯）。想好你最想要调哪一种酒然后根据实际情况选择酒杯的尺寸。我是个实用主义者，只要按需求来选择酒杯就行了，因为我实在不喜欢为了收集杯子而到处购物。

人们会说，鸡尾酒倒在茶杯里、蛋杯里，或者是直接混在瓶子里都可以喝，如果酒的味道真的好，怎么喝都好喝。其实精心挑选酒杯更大程度上是为了拥有更好的品酒体验，与环境相得益彰。如果品酒的环境是一场露营，那么为什么不直接用搪瓷野营杯来喝曼哈顿呢——还有比它更与这个氛围相符的杯子吗？

用来盛载冰镇鸡尾酒的玻璃杯在使用之前应该先冰镇好，用常温杯子来盛载冰镇鸡尾酒，鸡尾酒会快速升温影响口感，这就像用冷盘子盛载热咖喱一样，食物快速降温而变得糟糕。直接从冰箱里取出玻璃杯来用是最理想的了。

如果时间来不及，也可以直接在玻璃杯中加入一些冰块和水，然后迅速旋动大约一分钟，冷却的时间要够长，确保你的客人在享用鸡尾酒的时候，玻璃杯的温度恰好适宜，这是非常重要的。

材料

所有材料都可以匹配，不过有些材料之间的匹配程度更高。虽然有些鸡尾酒对材料的品牌和风格有着很高的要求，但是多数时候，鸡尾酒对材料的要求没有那么严苛。一款鸡尾酒的品质往往受限于选材的短板，这是一个基本常识，但事实上并不是所有的材料都具有同等的用量，其重要性也不尽相同。

以干马天尼为例：金酒是最先触发味觉的关键成分，因此应该在选择金酒的时候多花些心思。而在内格罗尼酒里，金酒在味觉上的强度就远远小于干马天尼中的干味美思，因此就不必费尽心思地去选择金酒的品牌了。事实上，除非你用的金酒含有极高的植物成分，或是口味非常差，大多数品牌的金酒都可以调出好喝的内格罗尼。我会把调酒比作烹饪，比方说如果你正在做意大利番茄肉酱面，牛肉末的切法可没有意面或番茄的用量，或是烹饪时间重要，但是如果你在处理一块牛排，那么牛肉的切法就显得尤为重要了。在血腥玛丽这款酒中，伏特加的品牌选择更重要，还是番茄汁的用量更重要呢？（见第 104 页至第 107 页。）

我在这里想要说明的是，通常情况下从主要的基酒种类（伏特加、金酒、朗姆酒、龙舌兰酒、威士忌、波本酒、干邑白兰地）中选择一个品牌作为平时调酒的常用品牌是没有问题的，这样做也能为你省去很多空间和金钱，而且你的酒柜或者饮料柜上也不会积攒厚厚的灰尘和用不着的酒瓶子了。我最主要的建议是你要确保选择的品牌是比较常见的，品质一定要好，而且只喝这一种酒口感也很好。在这本书中，对于每一种酒我通常会选用一到两个品牌，但是如果我认为在某种鸡尾酒中需要用到特定的风味、年份或是品牌的酒，我也会特别指出来的。有些鸡尾酒的变化是根据朗姆酒的不同种类而变化的，因此选择不同种类的朗姆酒，鸡尾酒也会产生相应的变化。

同样的，本书中提到的材料，无论是干的还是鲜的，有时候我会特意强调它们的用量，但是从某种材料对于这款酒的重要性的角度来讲，某种材料的品质和风格对最终调出来的鸡尾酒有多大的影响，你也应该心中有数。

关于味道的科学

在你轻轻抿了一口马天尼的一瞬间，就有很多事情一起发生了：你的舌头、嘴巴、鼻子、眼睛，甚至耳朵会同时协作，共同感受酒里的点点滴滴所带来的感官享受。事实上，味道可以说是我们的大脑所创造出的最复杂的感受之一。首先，我们来了解一下味道是怎样产生的。下面的片段选自味道心理学家简·安瑟米·布理勒特 - 萨瓦林在1825年写的书《味觉生理学》：

人类的味觉器官可以说是少有的完美，我们来看看它们到底是怎样工作的，这样我们就会彻底相信了。

只要食物一放进嘴里，就被牢牢锁住了，气味、水分等，什么都跑不掉。

嘴唇可以把所有可能从嘴里流出去的东西挡住；牙齿可以进行咀嚼，把食物咬碎；舌头可以对食物进行翻转和搅动；像呼吸一样的吸吮动作把食物推向食管；然后舌头把食物抬起，使食物滑下去；在食物经过鼻腔通道的时候，嗅觉会发挥它的功能，体会美妙的气味；最后食物会进入胃里……在整个味觉体会的过程中，一个原子，一滴汁液或者一个颗粒也不会被错过。

其实有80%多的味道都是由鼻子来感知的，而不是口腔，这是一个常识。尽管你没有办法准确地说出在大脑利用多重感官来感知味道的时候，鼻子到底占了多大的比重，但这种说法基本上是正确的。大脑同时调用味觉、触觉和嗅觉，从而感知到一种统一的味道，这种功能叫作共感觉。

嗅觉

"味道映射"的大部分工作都是通过鼻后的气味来完成的，也就是"后味"。在我们进行漱口、咀嚼、大口喝、吞咽等一系列动作的时候，只有原子大小的芳香微粒就会混在从喉部呼出的气体中，经过鼻腔呼出体外。当芳香微粒经过鼻腔通道的时候会接触到嗅上皮——鼻子直接连接到大脑的部分。嗅上皮会把信号传递给主要的味觉器官——嗅球，嗅球会把这种信号转换成具体的味道。

可能你听过很多关于人类嗅觉不够敏锐的说法，但是我要告诉你，恰恰相反，实际上人类的嗅觉敏锐程度简直令人不可思议，即使是人类智慧所能设计出的最先进的分子探测设备也没有人类的嗅觉灵敏。

味觉

味觉也是对于味道感知的一个重要的组成部分。味觉是从味蕾开始的，是由一组感觉细胞构成，每个味蕾都有非常细小的绒毛，这些绒毛可以对外界的刺激产生反应。味蕾就是在舌头表面那些肉眼可以看见的被称为乳头状突起的微小的褶皱里。不同的味觉细胞神经末梢可以分别感知到五种主要的味道——咸味、甜味、酸味、苦味和鲜味（就是那种吃到番茄、酱油和帕玛森奶酪的味道）。整个舌头都可以感知味道，但是某个区域会对某个味道产生尤为明显的反应。大脑会同时接收到神经信号和其他感觉输入，并进行处理。

舌头和口腔是感受口感的重要器官。尽管口感与吃东西的关联性比喝饮料要高，但是它对于品尝和欣赏鸡尾酒也具有非常重要

的影响。关于口感的科学原理现在人们还不完全了解，我们已经知道口感包括以下几种因素：触觉、压力、温度和痛觉，每种因素都用其独有的方式表现出独特的味道。你有没有注意到普通可乐和气泡可乐喝起来不一样？这是因为气泡爆裂时，气泡里的二氧化碳气体刺激了口腔中的痛感反应，从而改变了你对味道的感觉。

视觉

从最基本的角度来说，我们的眼睛可以让我们知道即将吃进嘴里的是什么东西，以及这种东西对我们是否有害。但是从更深层次的角度来说，一杯饮料的外观对于我们对味道的定义起着非常重要的作用。我说的不仅仅是精美的装饰品（当然，它们确实有很大的帮助），还有最基本的因素，比如颜色、大小、酒杯，以及能够体现温度的表现（结霜、蒸汽）。我最喜欢做的一个实验就是让一个人喝蓝色的番茄汁（加入了澄清的琼脂和蓝色食用色素，见第39页至第40页）。这个实验我已经做过很多次了。尽管口味和气味根本没有变化，但是由于饮料的颜色跟这种水果没有关系，多数参加实验的人都猜不出来他们喝的是什么。曾经我给一位女士喝这种蓝色的番茄汁，她告诉我这喝起来像洗衣液——很显然，那种亮晶晶的蓝色对她产生了很大的影响。

听觉

即使是听觉，对于味道的感知也有很重要的作用。法国喜剧作家莫里哀在其1666年的戏剧作品《神医》中这样描写红酒的"咕噜咕噜"的声音：

你是如此香甜啊，我的杯中物；
你是如此香甜啊，听你在咕噜咕噜。

红酒发出的特别的声音确实跟别的液体产生的声音不一样，这是真的。人们喝下红酒时发出的"咕噜咕噜"的声音就是喉部肌肉与红酒独特的质地相接触时发出的声音。冰块在鸡尾酒摇酒壶里发出了碰撞的声音，或是一股细流倒入马天尼杯时发出的声响都是整个品酒体验中非常重要的部分，决不可被低估。

其他感觉

其实还有许许多多其他的感觉影响着味道映射，甚至是人们的幸福感、舒适感以及周围的环境，都会对酒的味道产生影响。当你觉得很冷的时候，一碗热汤会让你觉得很舒服；当你觉得很热的时候，一杯冰凉的白苏维浓会让你觉得无比惬意。喝啤酒就应该在它的原产地找一片荡着热浪的沙滩，只有在这种情境下，啤酒才能体现出极致的美味。你妈妈做的土豆泥馅饼也许比别人做的好吃，也许更难吃，但它都可能勾起你的一缕乡愁。

总的来说，人类的味道感知是非常了不起的，而且应该多加练习，尽情享受，尝尝各种你能尝到的东西。复杂的神经系统会把你感觉器官所输入的信息加以处理，然后把它们汇聚到大脑的"新皮层"。在这里，我们体验到了意识形态上的味道，它在我们的意识中是事实存在的。也许人类最高级的功能在于大脑可以把信息数据反馈到舌头上，然后让我们傻傻地以为所有的事情都发生在我们的嘴巴里。

鸡尾酒的味觉科学

仔细研究一下近200年来的鸡尾酒演变过程，我们就能明白为什么我们最终会创造出这么多兼容并蓄的饮品。通过鸡尾酒的制备过程，我们就能明白为什么我们喜欢用这种方式而不是另一种方式来调制，而且多年以来，也正是这些融入了人类复杂的味觉感知的饮品为鸡尾酒发明人铺平了前进的道路。

现在，我们可以进一步探讨一下鸡尾酒的主要味道，看看这些味道是如何影响我们的感官的，再看看这些味道在同一款鸡尾酒中是如何互相影响的。咸味和甜味作为两种主要的味道，人们对此非常熟悉，但是人们对于这两种味道之间有着怎样复杂的关系，以及它们在平衡一款饮料的口味时扮演着怎样的角色就不是非常清楚了。

糖

糖是一种能量，纯能量。人类天生就非常喜欢这种食物——你几乎可以在任何东西里面加糖，而且加了糖之后很可能变得更好吃。每个人在出生的时候就已经对糖有了最原始的喜爱。

糖可以轻微地减轻鸡尾酒中酒精的味道，确切的原因现在还不清楚，部分原因可能是因为糖可以减少酒精的挥发（酒精非常容易挥发）。这是大脑产生奖励系统的结果，其中酒精的作用会因甜味积极地触发而减弱。我们的奖励系统可以识别出糖含有的热量，并且选择忽略掉酒精对黏膜产生的负面刺激。利口酒就是最好的例子，想象一下喝40%酒精度的利口酒可要比喝40%酒精度的伏特加要容易入口多了。

实验证明糖还可以抑制苦味、酸味和咸味，不过糖的作用可不止这些：事实上，其他的味道加入糖以后，会比原来的味道更让人愉悦，比如苦甜参半的麦芽酒、酸得让人打激灵的猕猴桃汁，还有令人放纵的加盐焦糖。

苦味

苦味是目前发现的最复杂的味觉感知。有人认为，人的舌头可以尝出100多种不同的苦味（咸味就只是同样的咸味），而苦味微粒也有许多不同的形状和大小。跟糖不同，我们天生对于苦味是比较排斥的，有人认为其原因是大多数苦味物质都是有毒的。（其实不然，少数苦味的物质通常是可以治病的——咀嚼丁香具有麻醉作用，奎宁可以抗疟，冬青茶可以排毒清理肠胃。因为有人发现有些灵长类动物在感到不舒服的时候会咀嚼苦味植物的根或者树皮。）

还记得你第一次喝黑咖啡，或者第一次喝拉格啤酒吗？很可能感觉不是太好吧，天性让我们不喜欢苦味！苦味本身确实不怎么讨人喜欢，而且要接受这种味道，你需要对大脑进行大量的感觉训练。

但是我们可不能如此轻易地放弃！这次也不能完全依赖于天性，其实苦味可以让舌头感觉到奇怪的干燥作用，从而使你非常想要恢复味觉感知。当我们喝到非常苦的东西，感觉就像触发了极度干渴的开关，非常需要继续不停地喝。因此，当苦味伴随着芳香和甜味（或是咸味）的时候，就可能非常容易让人上瘾！金汤力就是最好的例子——金汤力无疑是一种世界上最棒的饮料。

在混合饮料中加入苦味，把强烈的苦味和其他味道和香气融合在一起，可以制作出更有意思、更复杂的鸡尾酒。

酸味

当我们吃到或者喝到非常酸的东西时，我们面部的咀嚼肌马上就会不自觉地收缩和抽搐。强烈的酸味给人的感觉很不好，而且通常酸味的食物也没有什么营养——干嘛还要费劲去吃酸的东西呢？

从好的方面来说，酸味可以对其他味道的味觉体验起到非常好的平衡作用。如果你曾吃过"神秘果"——一种非洲浆果，吃了这种浆果之后，某些味觉感受区就会被暂时阻断，你吃的任何东西都会变成甜味的，你会发现如果世界上没有酸味来调和甜味的话，这个世界将会变得多么乏味。如果没有酸味，成熟的水果就仅仅是单调的甜味，新鲜的桃子散发出的香气也不再是那种完美的味道，而这一切只是因为没有酸味来调和或者加强甜味的味觉感受。

我们通常会在鸡尾酒里用到用甜味调和过的酸，借以模仿水果成熟的味道。青柠和柠檬是最常用的酸味材料，因为它们的口感相当中性，其中起支配作用的就是酸味。想要了解更多关于酸的知识，请看第25页至第27页。

盐

艾维·蒂斯在 2006 年出版的《分子烹饪》中这样写道：

盐可以通过突出令人愉悦的味道，从而有选择性地抑制苦味（也有可能抑制其他不好的味道）。

从我的经验来看，加入少量的盐（0.1%~0.3%）可以优化鸡尾酒的口感，对于甜香酒、利口酒和果汁糖浆也是一样的。如果饮品本身已经具有很重的咸味就不要再放盐了——这种饮品可能已经用了咸味的材料。但奇怪的是，盐在鸡尾酒调制中的应用其实非常有限。盐在鸡尾酒中应用的最好范例就是金利克酒。这种酒基本上就是一款金菲士（见第58页）或者汤姆柯林斯，不同之处在于用青柠汁取代了柠檬汁。但是按照有些国家的文化，尤其是在印度，糖就被省略掉了，取而代之的是少量的盐。理论上，这就使得一款非常酸的饮料变得口味柔和，而且非常好喝。盐在热带气候的地区是非常常用的饮品材料，因为适量的盐可以帮助人体保持充分水合。

盐还能在很大程度上降低酸味的味觉感受，但是对苦味和甜味的强度影响不大。

鲜味

对于鲜味——第五种味道的发现，看起来好像是一件新鲜事，但事实上却是 1908 年发生的事，距今已经 100 多年了，发现者是东京帝国大学的池田菊苗。跟咸味、甜味、酸味和苦味都不一样，鲜味给人带来的感受非常奇妙，对这种感受最好的描述就是"可口"。鲜味在鸡尾酒中并不十分常见，当然，在番茄族的鸡尾酒中——比如血腥玛丽（见第104页至第107页）、红鲷鱼等——这种可口的味道表现得比较明显。考虑到鸡尾酒是用来餐前开胃的，而不是要抑制你的食欲，因此调酒师确实很少在鸡尾酒中使用那种真正强烈的鲜味（如果你从未尝过那种强烈的鲜味，可以去尝一尝味噌汤，或是直接尝一尝谷氨酸钠，也就是味精。你就知道什么是最鲜美的味道了）。

酒精

几乎所有的烈酒都有些味道，即使是伏特加也是有味道的，这可能是由于蒸馏过程中残留了一些杂醇油或是高级醇，也可能是酿造烈酒用的那些原料本身留下的味道。以伏特加为例，其味道可能是谷物或者马铃薯留下的味道。

纯的乙醇（酒精）几乎是完全无味的，但是当按照一定浓度和水混合在一起时，就会产生轻微的又苦又甜的味道。除此之外，乙醇和丙酮（一种有味道的酮）对于味觉都有一种脱水的作用，会给人一种涩涩的感觉。化学敏感性的意思是对于化学品的反应的敏感程度，我们在这里讨论的是乙醇这种化学品在皮肤、味蕾、上皮细胞、喉咙还有胃部会产生什么样的反应。酒精对于神经传导会产生很大的破坏作用，而且会引起烧灼感。酒精引起的这种神经反应跟辣椒素（因为辣椒中含有辣椒素，所以人会感觉到辣）引起的神经反应是一样的。痛觉本身并不是一种味道，然而痛觉却可以对事物的味道和香气产生一种连锁反应。

甜度

古典鸡尾酒

迈泰

龙舌兰酒和桑格丽塔

浓缩咖啡马天尼

僵尸复活

萨泽拉克

内格罗尼

曼哈顿

罗伯罗伊

马丁内斯

鱼库宾治酒

烈度

马天尼

白兰地卡斯特

边车

味觉示意图

你可以根据这份"味觉示意图"来判断自己需要什么样的经典鸡尾酒。这份图上的每一款鸡尾酒都是根据其自身的甜度、干度、烈度，以及饮用时长来分布的。

玛格丽特

戴吉利

干度

甜度

僵尸

菲丽普

自由古巴

蛋奶酒

热黄油朗姆酒

朱丽普

血腥玛丽

珀尔酒

黑莓鸡尾酒

莫斯科骡子

帕洛玛

莫西多

饮用时长

威士忌酸酒

新加坡司令

拉莫斯金菲士酒

飞行

大都会

干度

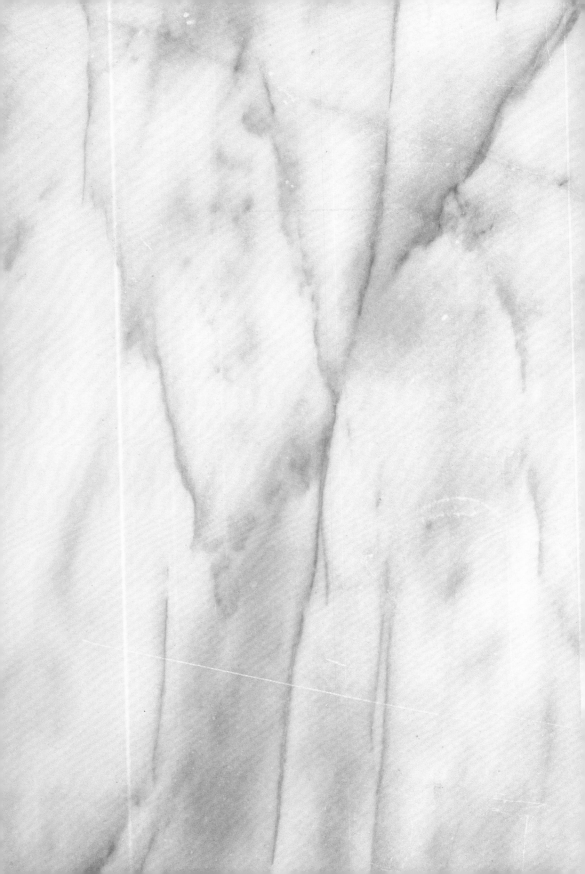

技 术

冰，摇和与搅拌

―――――――◆―――――――

基础知识

如果我着重强调摇和、搅拌和冰块的重要性，会让我看起来像是个没脑子的人。这些基础的技术往往很容易被人忽视，如果忽视了这些基础的技术，进而忽视一些重要的变化，你本身具有的优势可能就会被破坏了。温度和浓度是影响鸡尾酒饮用体验的两个关键因素，因此确保正确而适当的温度和浓度对于一名调酒师来说是非常重要的基本功。

通常我们都认为冰镇的饮品味道更好。随着温度降低，饮料的黏度变高，质地变稠，口感更加令人愉悦，酒精的挥发也会因温度降低而被抑制，因此最初喝进去的时候感觉比较柔和，随着饮料温度在口中温度的升高，才会逐渐感觉到酒精的味道。冰镇饮料一般给人一种清新凉爽和纯净的感觉。不过，冰镇饮料不好的一面是没有什么味道。蒸汽压力是一个用来描述液体蒸发程度的概念——而正是由于液体的蒸发，我们把鼻子凑近酒杯的时候才能够闻见酒香。蒸汽压力会随着温度的降低而降低，也就是说冷饮一般都没有什么香气。

冰块的融化可以对饮料进行很好的冷却。许多调酒师都会精心设计一套程序来严格限制稀释的比例，但是事实上稍微稀释一下对于饮品来说恰恰是有好处的。不过如果稀释过度的话会怎么样呢？你可以看看不同的金酒瓶子，从品种繁多的酒瓶中我们不难发现，包装上准确地标识产品的酒精度，并且清晰地展示出酒的口味，生产商对此真是下足了工夫。对于鸡尾酒也是一样的，已经调制完成的鸡尾酒，酒精度会对口味和香气产生非常重要的作用，多加一点点水就可能使许多芳香颗粒从杯子里流失掉（这也是为什么我们一般往威士忌里面加水的原因）。

大多数时候稀释程度是一个比较主观的概念，但是我后来发现有时候鸡尾酒中的含水量其实是非常关键的，如果不小心处理的话，一杯鸡尾酒很轻易就会被破坏了。问题的关键在于要理解为什么要对鸡尾酒进行冷却和稀释，还有冷却和稀释是怎样发生的。然后，就像厨师要调整烹饪的时间一样，我们要调整调酒技术，从而根据不同鸡尾酒的需求进行冷却和稀释。

冰的物理特性

当室温存放的烈酒和利口酒跟冰块混合在一起时，酒和冰之间就会开始进行热传递。

冰块可以同时通过两种方式冷却利口酒。第一种就是物理反应，也是最明显的方式，利口酒的热量会直接传递到冰块上——因为冰块的温度更低，所以利口酒会被冰块冷却。要使 100 克冰升温 1℃需要消耗 209 焦的热量（即冰的比热容），而这部分热量是冰从利口酒中"偷"来的，从而使利口酒的温度下降。

第二种反应，也是不太明显的方式（但是这种方式起着主要作用），就是冰的融化以及冰融化时所需的热量。相对于比热容，要使 100 克冰完全融化成 100 克水，需要消耗 33400 焦的热量（即冰的溶解热）。在鸡尾酒调制过程中，这些热量也是需要从利口酒中获得的。

直接从冰箱里取出来的冰块比常温放置

了 20 分钟的冰块对鸡尾酒的稀释作用稍微差了一点。原因有两个。第一是因为直接从冰箱里拿出来的冰块温度大约是-18℃，比室温下放置一段时间的冰块温度更低，也就是说有些低温冷却的能量是来自这种刚从冰箱里拿出来的低温温度，大约是每 100 克冰3760 焦。余下的绝大部分冷却的能量来自冰块自身的融化——每 100 克冰的融化大约能带走 33400 焦的热量。已经在室温下放置一段时间的冰，或者刚从制冰机里拿出来的冰，其温度大约是 0℃——也就是冰的融点。这种冰块只能通过自身的融化来吸收鸡尾酒中的热量。

第二个"室温冰"更易稀释鸡尾酒的原因，也是最重要的原因，就是当你往鸡尾酒摇酒壶里加了一大勺"室温冰"的时，冰的表面往往已经有了一层水，由于冰在室温下会持续融化，这一层薄薄的水层加起来的总量也相当大（尤其是碎冰）。这种情况下，鸡尾酒会被立即稀释，摇酒壶中产生了更多需要用冰冷却的液体，这也就意味着冰很难

把鸡尾酒冷却下来。随着冰的不断融化，饮料会越来越稀。一连串的变化实在是太糟糕了，作为一名调酒师，最好还是要避免这种情况发生。我的建议是直接用刚从冰箱里拿出来的冰，或在使用之前把"室温冰"用沙拉脱水器把冰表面的水甩掉（或放在一个布袋里甩干）。等你发现"室温冰"的角角落落里居然藏着那么多水，你一定会觉得吃惊！

一杯冰水混合物的温度不会低于 0℃，而要让它重新结冰，温度必须保持在 0℃以下。但是有些比较烈的鸡尾酒甚至能被冷却到-8℃，这是因为酒精（乙醇）的凝固点比水的凝固点要低得多。一杯没有经过摇和的酒精度为 25% 的鸡尾酒（比如威士忌酸酒）的凝固点大约是-15℃。在低于 0℃时，即使冰的温度已经比鸡尾酒的温度高，它还是会继续融化，而且可以对鸡尾酒起到很好的冷却作用。冰的融化可以使饮品保持低温冷却，而且使液体中的酒精含量降低。这也就意味着随着时间的推移，用冰冷却鸡尾酒所能达到的最低温度值会越来越高。

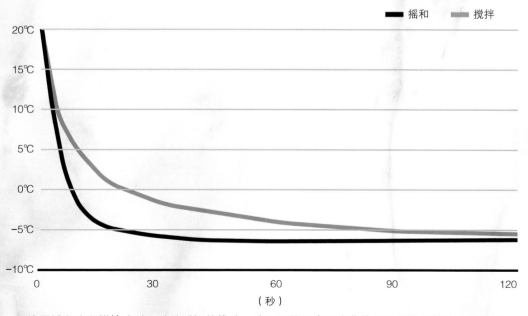

使用摇和法和搅拌法时，随着时间的推移，鸡尾酒的温度下降曲线以及最终保持的温度曲线

技　术

冰的形状和尺寸其实对最终的温度和浓度没什么影响。无论是碎冰、冰块还是用手敲下来的冰砖，只要冰的重量相同，鸡尾酒最终达到的温度和浓度都相差无几。冰的形状不同，其表面积大小就不同，所以不同形状的冰需要不同的冷却时间。使用碎冰用搅拌法可以在10秒内把一杯马天尼冷却到-5℃，但是同样一杯马天尼用手敲的大冰块需要大约2分钟的时间才能达到相同的温度和浓度。

摇和

一款用摇和法调制的鸡尾酒需要把所有的材料放在鸡尾酒摇酒壶里，加入冰一起快速摇和，通常都不超过10秒钟。通过摇和可以使鸡尾酒迅速冷却，一方面是因为冰和液体的震荡加速了热传递的过程，另一方面是因为冰在震荡过程中开裂破碎，冰的表面积随之增加。把饮料摇和超过20秒基本上不会对温度和浓度产生更大的影响（见第21页的曲线图），这是因为随着鸡尾酒越来越接近自身的凝固点，温度就进入稳定状态了。这时候，浓度也会进入稳定状态，反正冰的作用只需要保持鸡尾酒的温度，而不是继续冷却它。

摇和法也是为了让鸡尾酒和空气结合——鸡尾酒在摇酒壶里和冰一起震荡，使得空气气泡被迅速包裹在液体里。我们在喝的时候可以品尝出这些小气泡带来的独特口感。气泡带来的触觉和味觉感受对鸡尾酒的品鉴来说产生了很重要的影响。

在过去的几年里，日本酒吧的调酒方式为西方调酒贡献了许多很棒的元素，其中最有用的就是优质的酒器和调酒工具。日本调酒方式对于许多西方调酒师也产生了深刻的影响，令他们重新审视自己摇和鸡尾酒的方法。当我第一次听说日式硬摇法（Japanese Hard Shake）时，我以为是在摇和鸡尾酒的时候要用很强的力道（这也说得通），但是这种摇酒法是要经过刻苦练习才能掌握的。

这种摇酒法的目的在于通过一种固定的摇酒动作，使冰撞击到摇酒壶内部的每一面。这种摇法看起来像是在跳舞，只是舞者手里拿了一个摇酒壶。这样做最终要达到的目的很简单，就是要让鸡尾酒更好喝。这种摇酒法的先驱者——东京投标酒吧的上田先生认为，使用这种摇酒法调出的鸡尾酒在各个方面都更加出色。但是我亲自试过之后发现，摇酒时的动作不同（只要不是特别慢）对于鸡尾酒的温度和浓度来说没有什么影响。科学又一次胜利了！

剩下的因素就只有空气了。很遗憾，要测量空气含量和酒的黏稠度是非常困难的，需要进行深度的定性分析才能判断出日式硬摇法调出的鸡尾酒是不是更好喝。

搅拌

把冰块和烈酒放一起摇和，不到10秒钟的时间，烈酒就可以被冷却到-3℃，但如果同样的情况用搅拌的方法，冰块需要超过30秒的时间才能把酒冷却到同样的温度。这是因为搅拌其实等同于速度非常慢的摇和。你可以这样理解，搅拌的鸡尾酒浓度更低，因为它需要的冷却时间更长。但是无论是摇和还是搅拌，其物理原理都是一样的，如果搅拌的时间足够长，鸡尾酒几乎可以达到跟摇和时同样的温度和浓度。我说几乎可以达到，是因为调酒杯长时间暴露在室温下，会产生一些额外的水分，从而降低鸡尾酒的浓度。

其实搅拌最重要的特点是需要更长的时间，如果你要把温度降得很低，基本上需要1分钟以上的时间。记住，温度和浓度可以达到跟摇和法同样的平稳状态；大约在120秒之后（取决于冰的尺寸）饮料的温度和浓度都不会继续降低了（见第21页的曲线图）。

调鸡尾酒最好用什么冰呢？

尽管有很强势的论调支持在鸡尾酒的调制中使用手敲的大冰块，但是有时候也不要让理智胜过你的感受，这是非常重要的。有些鸡尾酒跟它的符号性的视觉效果密不可分，在调制这类鸡尾酒的时候，一定要多加注意，切不可曲解了鸡尾酒背后的历史，因为正是这些历史把鸡尾酒写入了我们今天的鸡尾酒书中。

举例来说，像莫西多（见第154页至第155页）或者凯宾林纳（巴西甘蒲酒、整个青柠和糖）这样的鸡尾酒通常使用的是碎冰，一方面是因为碎冰可以在很短的时间内冷却鸡尾酒，另一方面，碎冰也是鸡尾酒造型中的一个很重要的部分。如果你喝过用方冰块调的莫西多，你很可能会注意到里面的薄荷叶是聚成一团的，而且很可能会浮在酒上面。调酒师可以用碎冰把薄荷叶固定在鸡尾酒的冰层内部，使其均匀地分布在玻璃杯里，把一个凝固的视觉形象转变成具有视觉冲击性的层叠结构，展现冰与薄荷的完美结合。同样的，碎冰虽然蕴含着饱满的热带风情，但是在古典鸡尾酒（见第144页）中，却没有用武之地。这种被诱人的皮革压花和冒着烟的雪茄包围着的古典鸡尾酒充满着仪式感，加入一块手敲冰块可以完美地彰显出客人独特的品位。

工具

最近，我对搅拌和摇和鸡尾酒的工具产生了极大的兴趣。早期的一些实验证明，根据摇酒壶或调酒杯的尺寸和材料的导热性的不同，鸡尾酒的饮用温度和浓度有着极大的差别。

使用较大的摇酒壶意味着冰块需要对更多的材料进行冷却，从而也导致了更大程度的稀释，所以如果你只需要调一杯酒的话，这就太糟糕了。但是如果用大一点的摇酒壶调四杯加了冰的大都会，反而比用四个小的摇酒壶调出的四杯浓度高，这是因为大摇酒壶的表面积比较小一些，换句话说，同样的金属面积，大摇酒壶容纳的东西更多。

理解了不同的摇酒壶对于最终调出来的酒有什么不同的影响，对于我们调制经典的鸡尾酒具有非常特别的指导意义。我设想在不远的将来，我们可以根据目标温度和浓度来为特定的鸡尾酒选择特定的调酒工具。如果你想要在戴吉利鸡尾酒里加一点水，降低酒精度，为什么不选一个小一点的铜制三段式摇酒壶呢？也许你会发现这恰恰是想要追求的浓度。

下表列举了四种常见的摇酒壶类型。详细说明了常用的材质及优缺点。这只是很粗略的基本信息，因为这些摇酒壶都有许多不同的尺寸。

摇酒壶类型	材质	优点	缺点
三段式摇酒壶（英式）	钢，铜，塑料，钛	自带滤冰器	通常很小
巴黎摇酒壶（法式）	钢	易于清理、外形优美、容量较大	需要用滤冰器
波士顿摇酒壶	玻璃和钢	易于清理、容量大、能看到材料	较粗糙，需要用滤冰器，易碎
套杯式摇酒壶	钢	易于清理、价格不贵	需要用滤冰器

给鸡尾酒调味

给鸡尾酒调味跟我们平时想象的不大一样。在厨房里，我们可以用盐、酸味素和鲜味素给菜品调味，增加菜品的口味的层次感。那么我们应该怎样给鸡尾酒调味呢？

盐

就像我在风味学的章节讲过的那样（见第 13 页），适量的盐可以增进食物的味道，这是人们的普遍认知。我曾在越来越多的创作作品中使用适量的盐，原因很简单，那就是放一小撮盐真的可以让鸡尾酒更好喝。对于食物和饮料，盐都可以很好地抑制苦味和涩味，可以很好地突出鸡尾酒令人愉悦的味道。在这里我要强调的是，绝大多数情况下，不能让人察觉出鸡尾酒里的咸味。我的控制用量是不超过饮料本身重量的 0.25%~0.7%。

比较传统的做法是在塞尔兹（含汽）矿泉水和软饮料中加入碱性盐，能够对酸味起到缓冲作用。盐对酸味有轻微的软化作用，因此这种特性已经被应用于软化苏打水，缓解碳酸稍显酸涩的味道，也被应用于生产酸式磷酸盐———一种传统的酸味风味苏打。

我最喜欢用的是经典的海盐屑（氯化钠）。这种盐易于掌握，具有较高的可溶性，还可以被添加到干性材料中用来萃取风味物质（比如说制作各种味道的盐）。在我们的材料表中其实还有其他天然的咸味材料可供选择。培根作为一种咸味材料，使用越来越广泛，同时它也可以用来进行脂洗（fat wash）——把油脂和液体混合在一起，然后使油脂固化并从液体中分离出来的过程——或者直接把油脂混入烈酒和利口酒中。马麦

酱和咸味酱也有可口的咸味，而酱油和鱼露的咸味就很重了。在调酒之前，要先仔细辨别不同类型和不同品牌的产品，搞清楚每种调味品的咸度。虾膏同时具有咸味和甜味两种味道，我第一次尝到放了虾膏的血腥玛丽时，就被这种美味彻底征服了。

风味盐其实很容易制作，而且效果很好。把海盐屑和一些干调味料放在密封罐里储存，从整个的香草荚到薰衣草花朵都可用来制作风味盐。一旦你发觉盐吸收味道的能力有多强，你一定会觉得惊讶。做成的风味盐可以用来调味，也可以成为装饰品的一部分。

酸

在调酒的时候，人们使用的传统酸味剂有柠檬和青柠，它们确实可以很好地中和甜味，而且可以在鸡尾酒中加入一缕"果香"。酸味在许多饮料中都起着非常重要的作用，因为它可以刺激舌头上的唾液腺分泌唾液，在口腔里与饮料充分融合。其实柑橘类的水果还有很多种其他选择，但是大多数情况下其他柑橘类水果的价格都非常高（柠檬和青柠也不便宜）。下面列出了一些例子（记住：pH 值越低，酸味就越重）。

柑橘

很显然，柑橘是许多调酒师的选择。柑橘味道天然，容易储存，而且把新鲜的柑橘汁加入鸡尾酒中可以让人感受到浓烈的柑橘芳香。青柠是柑橘类植物中酸度最高的一种，pH 值达到 1.8，它含有柠檬酸和抗坏血酸（维生素 C），而柠檬里含有的几乎全是柠檬酸，

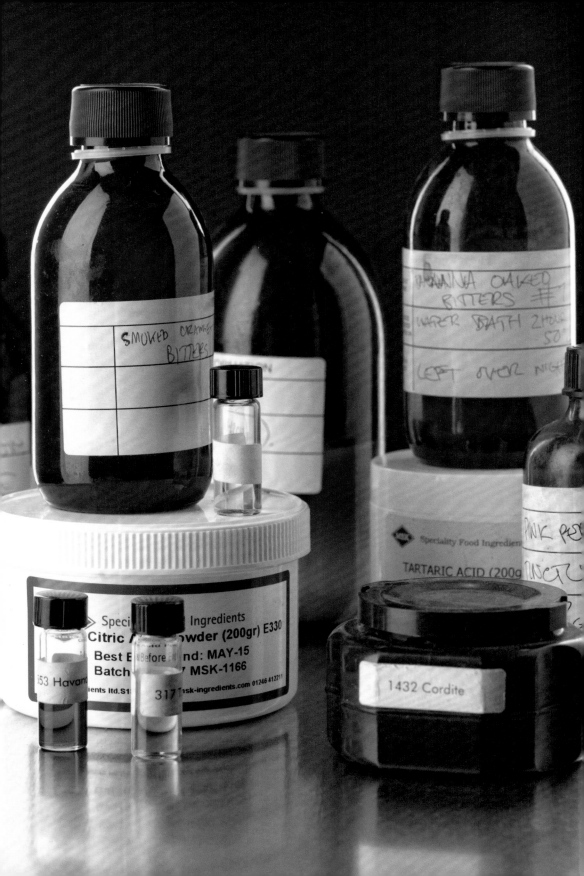

其 pH 值为 2.3（要了解更多关于酸的种类，请看下面一节，纯酸）。橙子和柚子的 pH 值很接近，大约是 3.7（橙子的含糖量更高，因此吃起来没有那么酸）。

纯酸

直接购买粉末状的纯酸用于调酒是最经济、最简单又最直接的方法。通常你需要先把纯酸稀释到可以直接使用的程度，因此需要用到 pH 值测试工具。我平时会稀释到 pH 值为 2.5 左右，这样的酸度接近柠檬汁。如果要和苦味剂配合使用，你也可以把酸溶液调得更浓一些，放在瓶子里备用。下面是一些常见的酸，以及调味注意事项。

- **醋酸**：醋里含有醋酸——有强烈的刺激性气味。
- **抗坏血酸**：维生素C，大多数柑橘类水果中都含有抗坏血酸——口味新鲜，令人愉悦。
- **柠檬酸**：柑橘类水果中含有柠檬酸——令人愉悦，口味刺激而清新。
- **乳酸**：在乳制品中发现的——烧奶、酸奶油、酪乳。
- **苹果酸**：青苹果和油桃中含有苹果酸——带有果香，口味令人愉悦，味道浓烈。
- **酒石酸**：葡萄中含有酒石酸——味道浓烈而清爽，酸味很快就会消失。

如果你想要确认酸溶液的酸度，可以测量酸溶液的 pH 值。用 pH 值试纸蘸取一些酸溶液，试纸的颜色会根据溶液的酸度变化。你也可以买 pH 值电子测试器，这种仪器价格不贵，大小跟一支记号笔差不多。pH 值电子测试器也是需要蘸取一些酸溶液，然后在仪器上直接读数。

其他水果

除了柑橘类的水果，我们还有许多种类的水果可以选用。有些水果可能你在当地就能买得到，在选择的时候应注意考虑水果的原产地和运输距离等因素。以下是普通水果中含有的主要酸性物质的简要说明：

苹果—苹果酸

葡萄干—柠檬酸、酒石酸

蔓越莓—柠檬酸、苹果酸

葡萄—苹果酸、酒石酸

油桃—苹果酸

番茄—柠檬酸、苹果酸

青柠—苹果酸、柠檬酸

橙子—柠檬酸

菠萝—柠檬酸、苹果酸

大黄—苹果酸、柠檬酸、草酸

樱桃—柠檬酸

蓝莓—柠檬酸

醋栗—柠檬酸

柠檬—柠檬酸

西番莲—苹果酸

梨—苹果酸

猕猴桃—柠檬酸

桃子—苹果酸

草莓—柠檬酸

以上列出的许多水果都含有微量的其他酸类物质，我所列出的只是可以被检测出的酸类物质。

醋

在鸡尾酒里用到醋听起来是一个很奇怪的选择（见第 189 页至第 190 页，治愈系玛格丽特），但是只要掌握好分量，或者跟橙汁一起搭配使用，就可以为鸡尾酒味道带来不可思议的层次感。醋中含有醋酸，其 pH 值一般为 2.5~3.5，不同种类的醋 pH 值可能会有差别。有些醋的风味尤为特别，比如意大利黑醋，用过一次就再也难以忘怀。我个人最喜欢的是雪莉酒醋——它的 pH 值只有大约 3.5，但是却能够为鸡尾酒增添非常可口的雪莉酒口味。

鲜味

如果你想调一杯鲜爽美味的鸡尾酒，选材上其实有很多选择。番茄和帕玛森干酪的味道非常鲜美，干香菇、海带和黄豆酱也是不错的选择。有些材料可能更适合用在鸡尾酒里，但是只要分量用的不大，上面提到的的食材都可以增强饮品鲜爽的风格，尤其是烟熏类或是有烟熏口味的鸡尾酒。

当然，你也可以直接买味精（MSG），这种调味剂让我的终极血腥玛丽增色不少（见第 105 页至第 107 页）。

浸渍与萃取

自制烈酒、苦精、利口酒和酊剂已成为近年来调酒技术中很重要的一部分。尽管最经典的调酒方法很少需要用到自制的配料，但是任何调酒初学者想要制作属于自己的原创饮品，都必须能够善于自制材料。这些材料的制作过程可以称为"浸渍"，你也可以把它想象成泡茶！

浸渍液可以存储起来，再次使用的时候也不会变质，这是浸渍液的一大好处。长期来看，自制红醋栗利口酒有更多的优点，而且非常节省时间，你不用每次想要调酒的时候还要现把红醋栗和糖混在一起。

我们有许多种方法可以在烈酒里添加别的风味，或者用水来做浸渍液。就性质而言，酒精在接触到浸渍材料之后，可以对材料中的可挥发性混合物起到很好的分离和悬浮的作用。浸渍和萃取是制作许多风味烈酒和利口酒的基本方法。

基本原理

从微观的角度来说，液体浸渍效率受到微粒的大小、微粒的重量，以及温度、压强和酒精含量的影响。

当物体的体积是原来的一半大小时，浸渍速度可以提升至原来的四倍。这不仅对液体浸渍时间有巨大影响，对浸渍材料（香料、草本植物或水果）的分量同样影响巨大。如果微粒不够小，就不能被浸渍提取出来，因此最好把材料尽可能切碎、磨碎，体积越小越好。

密度和强度比物质的大小更难测量，例如红胡椒的味道就比白茶叶的味道强得多、

结构强度也更大。所有材料都是不同的，也许我们可以为每一个常用的材料列出所需的浸渍时间和分量。

这样做的目的是让我们能够在正确的压强和温度下浸渍材料，并在一定时间内完成浸渍过程，保证萃取的都是材料的精华部分，而不是杂质或苦涩的部分（除非苦味才是你想要的！）。

通过加热，几乎可以加快所有物质的浸渍过程，还可以提取在低温下无法获取的可溶性物质。最简单的加热浸渍方法，就像是给浸渍液加一个炖锅或是火炉。对于大多数材料而言，尤其是在调制风味糖浆和利口酒的时候，加热浸渍是最快捷、最有效的浸渍方法，因为溶液加热的同时糖分也会被溶解。不过加热浸渍也有缺点，那就是材料在加热过程中可能会产生高温变质。

浸泡法

最普通的浸渍方式就是浸泡法：把植物、香料、坚果或者水果泡在水里（通常还会放糖）或者酒精里。根据不同的浸泡材料，可以选择冷浸或者热浸，用时从一个小时到一个月不等，以最终获得最佳的浸泡效果。

跟任何一个调酒师谈及此事，他们几乎都会告诉你自己第一次浸渍会用到一瓶伏特加，某种草本植物或者水果，还要一台热咖啡机，或是一台洗杯机。尽管浸渍风味有许多现代化的做法，但是直接把水果或植物浸泡在烈酒里仍然是一个非常有效的浸渍方法（见下页图）。从某种程度上来说，浸泡法实际上"包含"了浸渍的全过程。现在考虑一下这个问题——当厨师烹调美味的食物让整

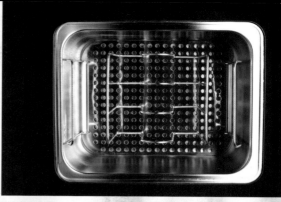

个房间充满美妙的香气时，所有的香味是从食物本身挥发出来的。可见，保持浸泡材料的密封性是浸渍成功的关键因素之一。

真空低温浸渍法

真空低温浸渍法，或称"真空低温烹调法"，是一种受控的热浸渍过程。这种浸渍方法主要有以下两个优点：在处理食材的过程中除去空气；对温度进行精确的控制。材料被密封在塑料包装袋里（见上图右下角），然后放在恒温水槽中加热（见上图右上角）。很多现代化的厨房都会使用真空低温烹调法，从而把肉类和蔬菜烹调得恰到好处，当然这种方法也可以用于制作鸡尾酒的配料。

在专业餐馆或酒吧，人们进行浸渍的时候会把食材装进真空低温烹调专用的耐热的塑料包装袋里，然后把包装袋和食材一起放置在一个真空室中，当包装袋内的空气完全被抽走后，把袋子密封起来。把密封好的袋子放置在一个循环加热的水槽中，设定一个合适的温度。不同的浸渍食材和浸渍程度对应不同的设定温度，一般设在50~90℃。经过一段时间的浸渍之后，把浸渍液倒出、过滤，然后装瓶。

真空低温浸渍有以下几个优势：精确控制浸渍温度和浸渍时间；控制浸渍过程中的热辐射；不会出现加热过度或烧焦的情况；真空袋里几乎没有或只有极少空气，避免食材氧化腐坏；密封包装确保芳香因子不会流失。

其实在家里也可以进行真空低温浸渍，而且可以达到同样的效果。你可以从至尊真空等相关公司买到物美价廉的家用真空封口机，或者用自封袋代替真空包装袋——配合手动真空泵抽走自封袋里的空气（一定要确保自封袋的密封性，不然你会发现你宝贵的浸渍液最后全都漏在水里了！）。总有一天，像这样的"水式烤箱"将会像微波炉一样走进千家万户。你也可以把装满水的炖锅放到

加入水和耐高温蒸煮的硬质香料（牛蒡、八角、洋菝葜），然后加 103 千帕的压力，锅内的水会在 120℃ 的温度下沸腾，如果不提高水的沸点，就无法提取到这样的味道。

警告：切勿高压加热酒精浸渍液，因为酒精蒸汽在高温下非常危险！

还有一种简单而经济的压力浸渍方法，就是"氮气空化"。"氮气空化"需要用到装填 8 克 N_2O（请参阅"泡沫、空气和鸡蛋"，第 46 页至第 47 页）的奶油枪（见下页图）。先在奶油枪里放入选定的植物或香料，然后把液体加入到奶油枪里，最后通电，按下按钮，这样做可以大大缩短浸渍所需的时间。

这个过程的原理是使氮气溶解到液体中，一旦压力被快速释放，液体中会形成爆发性很强的气泡。这些气泡爆发的威力非常强大，可以破坏植物中的一些细胞结构，因此可以快速完成浸渍。经过几次反复操作，就可以在几分钟之内产生显著的浸渍效果。

氮气空化这种浸渍方式的一个显著的优点是不需要任何热量，因此材料不易产生因高温导致的变质。

苦精和酊剂通常是使用植物根茎、树皮或种子这一类硬度较强的材料浸渍而成，而压力浸渍法对于这类物质的浸渍非常有帮助。

低温烤箱里，这种方法成本比较低，但是很难控制温度。

长久以来，我一直在想能不能把密封好的浸渍液放在洗碗机或者洗衣机里（把温度设定在 60℃）。这样操作，产量会非常大，因为洗碗机和洗衣机的容量可以容纳非常多的浸渍液，但是我的妻子不同意我这么做，因为她觉得如果冒着把洗碗机或者洗衣机弄坏的风险就太不值得了！

请看第 190 页，那是我自创的真空低温浸渍的青柠席拉布酒谱（用的是雪莉酒醋），或者第 103 页的真空低温浸渍蔓越莓清汤。

压力浸渍法

在高压下进行浸渍可以显著加快浸渍的过程，缩短浸渍时间。最明显的方法是用高压锅进行浸渍。

高压锅（见上图）本质上是一个有压力密封盖子的大锅。由于高压锅可以提高锅内的沸点，从而提供大量的热量，能够保证让我们萃取到最棒的风味。请看第 164 页，我自创的高压锅棕色杏仁糖浆。

大多数高压锅上都带有一个压力表，我们可以读出高压锅里的压力值。在高压锅里

蒸馏

蒸馏法虽然不是最实用的方法，但是对浸渍却是非常有效的，蒸馏法做出的浸渍液是最澄清透亮的。毕竟世界上最受欢迎的浸渍类烈酒——金酒，就是用蒸馏法制作而成的。

小型蒸馏设备相当便宜，但需要注意的是，在许多国家没有相关执照进行蒸馏或再蒸馏是非法的。

水状胶体
凝胶、树胶和胶凝剂

———◆◆———

水状胶体可以用来增加液体黏稠度、冰淇淋的硬度，制作酒精果冻和酒精酱，增加泡沫和空气的稳定性，使油脂在水溶解中乳化，以及制作流体凝胶。考虑到水状胶体的种类繁多，应用范围也非常广泛，本章的内容对于一名现代调酒师来说是非常重要的。

水状胶体的形成原理是把微小的颗粒溶解在液体里，由于颗粒之间互相碰撞摩擦，使得液体的流速"变慢"。在少量的液体中，这种作用使得液体变得稍显浓稠；如果是大量液体，这种作用就会使液体的质地变得像浓汤一样；如果液体中含有的微粒足够多，微粒之间的黏性足够大，那么液体的质地甚至会成为固体啫喱状，就像果冻一样。

本书中提到的液体增稠剂、稳定剂和固化剂的种类实在是太多了。有以水果和植物为基础的水状胶体（如果胶和木薯粉）和海产品复合物（如琼脂、卡拉胶和藻酸盐）。树胶的种类也很多，而且已经作为增稠剂和稳定剂被人们使用了几个世纪，比如阿拉伯

树胶、角豆胶和瓜尔胶。还有微生物水状胶体（比如结兰胶和黄原胶），以及现代的纤维素类水状胶体（比如甲基纤维素）。

基本原理

除了吉利丁片之外，水状胶体都是以粉末或屑状物的形式存在，因此在储藏时要注意保持低温干燥的环境。储存吉利丁片要选用干燥且密封性好的容器。

所有的水状胶体都需要某些离散作用和水合作用，也就是说，水状胶体必须均匀而充分地与液体混合在一起，在某些情况下，可能需要借助外力进行混合（比如借助搅拌机），而大多数情况下，用搅拌棒轻轻搅拌就可以达到要求。无论怎样混合，最终的目的都是使每一个水状胶体分子都被水包裹住，并形成均匀的溶液。

有些水状胶体需要在特定的温度下才能够分解和离散（见第35页的表格）。使用有加热功能的磁性搅拌棒或加热混合器（见左图）可以轻松地达到这种要求，当然你也可以用搅拌器、平底锅、炉子和温度计来进行加热混合。

水状胶体应用概览

凝胶

要把凝胶做成可食用的装饰品、配料，或者做成可食用的酒精饮料，首先需要把胶凝剂溶解在液体中（按照推荐的比例进行混合溶解），加热到一定的温度后把溶液倒进

模具中冷却，然后装杯上酒。请看第80页的应用实例，我自创的皇家珀尔浓缩酒块。

流体凝胶

流体凝胶可以把微粒混悬在饮料里，同时还能保持"液体"的口感。首先要把胶凝剂溶解到液体里（按照推荐的比例进行混合溶解），然后加热到一定的温度。待到溶液冷却后，用搅拌棒或搅拌机进行搅拌。参见第142页至第143页我制作的冰火朱丽普。

增稠

当你需要把不同的液体漂浮分层，或是想要在质感和风味上做出不同的感觉，可以使用液体增稠剂来改变液体的黏稠度。首先要把胶凝剂溶解到液体里（按照推荐的比例进行混合溶解），然后加热到一定的温度。待到溶液冷却后，用搅拌棒或搅拌机搅拌至均匀顺滑。

泡沫

许多水状胶体都可以用来制作泡沫；想了解更多内容，请看第46页至第47页。

胶凝剂的分类

每种水状胶体都有其独有的特性，质感、融点、浊度、耐酸性和耐酒精性这些因素都会根据你选用的水状胶体的不同而不同。有些水状胶体会特别适用于某种条件（见第35页的表格），有些情况下也可以通过混合使用两种水状胶体达到特别的凝胶效果。当然，在有些情况下，混合两种水状胶体也可能是一场灾难，比如结兰胶和甲基纤维素。

琼脂

琼脂是一种从红藻中提取的复杂的碳水化合物型胶凝剂，可以用来增强泡沫的稳定性，增加液体的黏稠度以及制作流体凝胶，

同时琼脂还可以用来澄清液体（见第39页至第40页）。用琼脂制作的凝胶具有较高的耐热性，而用吉利丁制作的凝胶在85℃左右时就会融化，因此琼脂凝胶可以做成温热的食物，入口之后不会融化，而且需要咀嚼才能嚼碎。

吉利丁

吉利丁是胶原蛋白的衍生物，通常是从动物的皮肤里提炼出来的，是制作果冻的传统原料，虽然不耐热，但是具有传统的弹性口感。吉利丁可以把烈酒、味美思、红酒和雪莉酒变成凝胶状，而且作为饮料的配料效果也非常好。把吉利丁或琼脂加进泡沫里，可以使泡沫具有更好的稳定性，非常适合用来制作慕斯顶。吉利丁入口即化，口感非常柔软细腻。酒精可以增强吉利丁的硬度，但是当酒精占比达到30%~50%时，凝胶体就会凝结成固体颗粒。

有些水果不可以用来制作吉利丁凝胶，比如猕猴桃、菠萝和甜瓜，因为这些水果中都含有某种可以破坏蛋白质链的酶。如果不想破坏蛋白质链，可以轻微加热果汁，使酶失去活性。

通常你可以买到颗粒状吉利丁或片状吉利丁，其价格一般都是根据凝胶强度的不同而定的。凝胶强度的数值（范围在 30~300）可以反映出凝胶成品的柔软度和脆性，凝胶强度 30 的吉利丁制作出来的凝胶就非常柔软，质地几乎就像液体一样，而凝胶强度 300 的吉利丁制作出来的凝胶就会又硬又脆。

无论是颗粒状吉利丁还是片状吉利丁，在加入用于制作凝胶的温热溶液之前，都要先在冷水中浸泡。一定要让吉利丁先吸饱水，这是非常实用的方法。如果直接把吉利丁放入温热的溶液中，吉利丁会变得很黏，而且会凝结成块。

结兰胶

结兰胶是一种由细菌分泌的碳水化合物型胶凝剂，可以分为低酰基型和高酰基型两个种类。

低酰基结兰胶形成的凝胶在 100℃ 的温度下会融化，通常会添加在冰淇淋里，用来增强冰淇淋的稳定性，减慢冰淇淋融化的速度。高酰基结兰胶与低酰基结兰胶类似，但是其形成的凝胶不透明无光泽，而且融点较低（大约是 75℃）。使用低浓度的结兰胶，可以制作出绝佳的具有耐热性的流体凝胶。

阿拉伯树胶

阿拉伯树胶是金合欢树的树液，是一种传统的乳化剂，可以很好地把油脂颗粒混悬在液体中，常用来制作软饮料。请看第 172 页的实例，我自创的自由古巴 1900。

甲基纤维素

甲基纤维素是从高纤维植物中提炼出来的。与吉利丁恰恰相反——甲基纤维素只有在热的时候才会保持凝胶状态，冷却后就会融化。通常甲基纤维素在冷水中保持水状，一旦温度达到 50℃，就会变成凝胶。一旦温度低于 50℃，凝胶就会融化，整个凝固和融化的过程可以重复。

甲基纤维素可以用来增强冰淇淋鸡尾酒的效果：在冰淇淋中添加 1%~2% 的甲基纤维素，可以把冷冻的混合物加热到滚烫的温度，并且仍然保持冰淇淋的形状。

这样冰淇淋无论是冰的还是烫的，都能够保持它原来的形状。请看第 120 页的实例，我自创的冰火硝基蛋奶酒冰淇淋。

褐藻酸钠

藻酸盐是从褐藻中提炼的一种碳水化合物，只有和钙元素结合在一起才会发生反应，形成凝胶。以前有些厨师利用藻酸盐的独有特性，把它作为球化工具，并且大受好评。球化是指在液体外部形成一层薄膜，把液体包裹在里面，形成可食用的球状物。小的球化物看起来像鱼子酱一样，大一些的看起来像橄榄或者樱桃。

制作过程是先把褐藻酸钠加入到你想要进行球化的液体中，然后把溶液装进注射器或者滴瓶中。在容器中装入较稀的含钙溶液作为凝固浴（通常使用氯化钙或乳酸钙），然后把藻酸盐溶液小心地滴入凝固浴液体，钙元素相当于藻酸盐溶液的固化催化剂。迅速取出球状物，最终制成中间包裹有液体的小球，轻轻一压就可以爆开，释放别有风味的果汁。请看第 88 页的实例，黑莓回归中的树莓利口酒珍珠。

如果凝固浴时间加长一些，小球就会变硬，即使立刻把小球取出，过一段时间后小球也会变硬，不过可以以 85℃ 的温度对小球加热 10 分钟，这样可以避免小球发硬。在高浓度的钙溶液中制作鱼子酱球更为容易，而且你也会发现 pH 值较低时，溶液会非常黏稠。即使藻酸盐溶液的酒精度达到20%，仍然可以成球。

顾名思义，反向球化作用就是球化作用的反过程。反球化的凝固浴中含有水状胶体（褐藻酸钠），需要进行球化的液体中需要添加钙元素（氯化钙或乳酸钙）。反球化的好处在于水状胶体在球体的外表面，这种凝胶状的外壳尤其有利于制作体积较大的球体，因为球的内容物里没有藻酸盐，因此球体不会变硬。

黄原胶

黄原胶是微生物发酵的副产品，是功能最多、应用最广的水状胶体之一。它是一种增稠剂，可以用来制作酒精果冻和牙膏，也可以用来提高冰淇淋的硬度和弹性。只需要非常少的黄原胶就可以把液体变成类似浆糊的状态，如果浓度更高，液体就会直接变成膏体。使用黄原胶不需要进行加热或冷却，而且可以在任何温度下使用。也可以直接用纯的烈酒（酒精度在40%以上）制作黄原胶，溶液的pH值不会对制作过程产生影响。

下表列出了每一种胶凝剂的详细信息，包括水合作用、胶凝作用以及融点，这些作用都会根据凝胶的浓度、pH值、酒精度、盐度和糖度的变化而变化。

水状胶体	应用	用量	水化温度/胶凝温度	融点	备注
琼脂	流体凝胶，脆性凝胶	0.1%~1%	95℃/35℃	85℃	较高的耐酸性、耐盐性、耐酒精性和耐热性
吉利丁	柔软/有弹性的凝胶	1%~5%	60℃/10℃	37℃	耐30%酒精度，不耐pH值5以下，不耐盐，糖可增加凝胶强度
结兰胶（高酰基型）	使烈酒呈凝胶状	0.1%~3%	85℃/75℃	75℃	非常高的耐酒精性，需要咀嚼才可嚼碎
结兰胶（低酰基型）	耐热流体凝胶，减缓冰淇淋融化	0.1%~1%	85℃/20℃	80~130℃	定型后凝胶脆性大，需要矿物质才可定型，宜做火焰酒精果冻
阿拉伯树胶	油脂在水中乳化	5%~20%	温度不限	无	传统的软饮料增加风味稳定性的添加剂
甲基纤维素	高温凝胶/热冰淇淋	0.1%~3%	低于40/50~80℃	低于20~30℃	很高的耐酒精性，高温时pH值达到极值，冷却后融化
褐藻酸钠	球化作用	0.5%~2%	温度不限	无	耐30%酒精度，pH值4以下不能胶凝，糖可以增强胶凝作用，需要钙元素才能胶凝
黄原胶	增稠	0.05%~2%	温度不限	无	瞬间增稠，较高的耐酒精性，pH值和盐度无要求

榨汁，风干和脱水

榨汁

用水果榨汁看起来是很简单的事情，毕竟，最基础的榨汁形式只需要用手指把橙子里的汁液挤出来就可以了。但是有些水果还是需要特殊处理的，为了能够提取到最棒的果汁，有时可能需要一些非常规手段。总之，榨汁的方法有许多种。

新鲜水果中含有复杂的易挥发的油类物质、脂类物质、蛋白质、酸和糖。如何保留这些果汁中的最美味的部分，对于制作出美味可口的饮料来说至关重要，而几乎所有的方法都要使用外力。要把植物的分子破坏，从中提取出精华的部分，这并不是一件容易的事，我们一起来聊一聊吧。

挤压式榨汁器

无论是手持柑橘榨汁器还是铸铁重型杠杆榨汁器（通常是由螺丝固定连接的），都可以对水果进行挤压榨汁。方法很简单，充分挤压水果，破坏细胞壁，使果汁经滤网过滤后流到下面的果汁收集杯里。这类工具对于柑橘类水果非常适用。

榨汁机

榨汁机有点像研磨器。把水果顺着斜槽放入榨汁机，然后经过剧烈分解，通过一个螺旋芯将果肉从水果中分离出来，果汁流进一个容器，果肉流进另外一个容器。这类榨汁机用来处理干燥一点的材料比较好用（如红萝卜、芹菜、苹果），这类材料不太可能使用挤压的方式来制作果汁。榨汁机的缺点是果肉中往往还有很多果汁。

冷冻榨汁法

把水果冷冻起来，这好像与榨汁的目的背道而驰，但是事实上这种方法却非常适用于质地较软的水果。把蓝莓冷冻起来，可以在蓝莓的细胞结构中形成冰晶，导致细胞破裂，用榨汁机处理的时候，一旦水果解冻，果汁会更容易地流出来。反复地冷冻和解冻会产生更好的效果。

酶榨汁法

想要取得源源不断的果汁，化学榨汁法是个绝佳的选择。许多组成水果或蔬菜细胞结构的蛋白质都有相应的抗蛋白酶，这些酶可以破坏支撑植物的细胞结构。举例来说，苹果的结构很大程度上是由果胶酶支撑的（就是制作果酱的材料，用来增加果酱的硬度），把苹果片泡在果胶酶溶液中可以使其软化，然后再从苹果中提取果汁就会容易一些了。

渗透榨汁法

如果你榨果汁的目的是要做糖浆或者利口酒，那么渗透榨汁法就再合适不过了！这种方法的原理是，水果中的水分始终倾向于跟外界交换的状态，也就是指渗透压力。在草莓上撒一些糖腌制一两天，就会提取出很多果汁，因为水果内部富含水分，而水果外部较为干燥，由于渗透压力的作用，水分会在水果内外达到平衡。使用这种方法，可以像普通的方法一样榨取果汁，最终榨出的果汁显然比不用糖的方法更甜。

风干

说起来，为了调制出美味的鸡尾酒而把材料风干看起来是挺奇怪的，毕竟没有液体的存在，也就谈不上喝了！但事实上，把材料风干后磨成粉，可以用来调制美味的饮品。

把食物风干后保存，是最古老的烹饪技术之一。几千年来，人们懂得把食物放在干燥的环境里使其失去水分，这样可以长期保存食物。这样做主要有两个原因：一是因为风干食物可以最大限度地延长食物的保存期限；二是因为食物的风味可以集中在风干的部分而被保存下来。把水分从鲜杏中出去，意味着余下的干果中留存了极高的风味成分。干果可被用来沏果茶，也可以研磨成粉然后做成冰冻果子露，或者可以直接用来点缀装饰。

有些给食物脱水的方法成本非常高，大多被用于商业生产，比如生产即溶咖啡和肉干，其过程有些是把细微的液体喷雾喷进高温空气中，有些则是在低压环境下冰冻的食物缓慢融化。对于个人应用，我认为还是选用经济的脱水器就行了，或者是选用简单的烤箱或者吹风机。

通过热风循环的方式对食物进行脱水，原理是使食物内部的水分蒸发，并且降低食物周围的环境湿度。我们可以用一片苹果片做个示例：热空气使得苹果外部的水分蒸发，因为周围环境湿度上升，持续的空气流动使得环境湿度下降，然后苹果内部的水分就会由内向外转移，继续循环蒸发。热风循环脱水的方法通常在 35~80℃ 的温度下进行，温度越高，脱水就越快。需要特别提醒的是，在进行热风循环脱水时，如果温度过高，食物外部风干变硬，就会出现表面硬化的情况，从而阻止水分进一步蒸发。你在烤面包的时候就会出现表面硬化的情况。如果要对食物进行完全脱水处理，切记一定要保持较低的空气温度和缓慢的风干过程。

液体粉末化

如果没有价格高昂的专业设备，要把液体制成粉末状是非常困难的。我第一次尝试把液体制成粉末，是用把液体和糖混合在一起的方法，使用糖粉或细砂糖的效果很好，因为里面含有少量的玉米淀粉，可以使液体变得黏稠。把液体（烈酒或其他液体）和糖粉／细砂糖混合在一起，然后倒在铺有防油纸／蜡纸的盘子上，放进脱水器（或者低温烤箱），把温度设定在 40℃，静置 12 小时，最后纸上会形成一层薄薄的风味糖片。用白或者咖啡磨把糖片研碎，研碎后的糖可以撒在饮料上，或者做鸡尾酒杯边。当然你也可以用盐来操作，做出来的盐可以用来做玛格丽特的盐边，这非常有意思。

脱水装饰物

脱水的装饰物香味非常浓郁，而且有很强的视觉吸引力，甚至一片小小的柠檬片，风干之后都有着令人惊讶的视觉效果，而且把它放在密封容器里，可以保持数周都不会腐坏。我还发现风干的材料为鸡尾酒带来的风味远远大于新鲜的材料。比如，一片干香蕉片在戴吉利中释放的香蕉香味要比鲜香蕉浓得多，这是因为风干的材料易受潮吸水，液体可以在水果的缝隙中来回流动，增加了浸泡的表面积从而可以提高浸渍的速度。

浸泡

就像上面说过的一样，用风干的材料在糖浆、利口酒等饮料中浸泡出风味就容易多了，且成本更低。水果和蔬菜中的水分就像一层保护膜，在没有碰撞、切割或加热的情况下防止外界的物质进入，一旦水分被去除，浸泡的液体就可以毫无阻拦地接触到植物内部的风味结构。而且这种方法只需要很少的风干材料就可以有很大的产出：伏特加中浸泡 10 克干无花果所浸泡出的风味，比浸泡 100 克鲜无花果所浸泡出的风味要多多了。

澄清

要去除液体中的浑浊物或颜色，使其看起来是一杯非常"纯净"的饮品，或者你想让别人误以为他们手中的玛格丽特其实只是一杯水，并不是一件难事！

那些使液体看起来浑浊，或者使液体看起来有颜色的分子，比那些能给我们带来味道或气味的分子体积要大几千倍，所以你不必担心澄清会使饮料的风味减少。

澄清液体的方法有很多，不同的方法成本不一样，而且难度也不同。考虑到这一点，我在这一章介绍一下不同的澄清方法，并且按照不同的成本和难度进行排序。

蛋白

用蛋白澄清真是一个经典的方法！几个世纪以来，使用蛋白来澄清液体中的杂质一直是人们使用的一种传统方法。蛋白澄清液体的原理是利用蛋白中的长蛋白链，可以像磁铁一样把杂质从液体中分离出来。取一个炖锅，倒入煮好的茶水，然后放进一个蛋白进行搅拌，你可以看到魔法般的变化，颜色随着搅拌的过程逐渐改变。许多厨师用蛋白澄清的方法澄清各种汤，包括清炖肉汤和骨汤。当然，这种方法也有局限性，但是时至今日依然是非常好用的办法，尤其适用于对半澄清溶液中的顽固杂质进行澄清。

简易过滤器

有时候只需要一个简易过滤器就可以把液体澄清到你想要的程度了。商店里出售的过滤器有许多不同的过滤等级，从滤网到实验室级别的过滤器和平纹过滤布。过滤器可以把液体中较大的不能溶解的颗粒滤出，即

使过滤器不能滤出杂质，也可以为更高一级的过滤打好基础。如果你要过滤经过加热的液体，那么通常最好的做法就是在液体还热的时候进行过滤，因为此时液体比较黏稠。另外，你还可以看一看"superbag"牌的过滤器，这个牌子的过滤器是按照孔目的微米级尺寸分类出售的。

果胶酶

果胶是一种胶凝剂，广泛应用在果冻的生产中。果胶通常天然存在于植物细胞壁中，在水果和蔬菜中的含量达到2%。从本质上来说，果胶对于水果来说就像水泥墙一样，把水果构建支撑起来。知道了这一点，可以更好地了解水果汁和蔬菜汁。天然酶可以分解果胶，进而分解果汁和菜泥。果胶酶、胶质裂合酶和果胶酯酶，在市场上可以买到各种品牌的独立包装的产品，甚至还可以在线购买。

使用果胶酶澄清苹果汁，只需要按照果汁比例的2%加入果胶酶，然后静置12~24个小时。澄清的果汁会浮在上层，你只需要小心地把澄清果汁倒出来就可以了（如果使用离心机澄清果汁，澄清效果会更好）。对于果胶含量高的水果和蔬菜，使用果胶酶进行澄清的效果最好，尤其是苹果和胡萝卜。如果果汁的pH值过低，或者添加有酸类物质，果胶酶的澄清效果会大打折扣。

凝胶过滤

当酶把悬浮在液体中的彩色颗粒分解之后，我们可以用水状胶体（凝胶）过滤掉液体中的杂质，只留下清澈的液体。许多水状

胶体都可以用来过滤杂质，不过效果最好的要数琼脂了。琼脂是从红藻中提取出来的，是一种不同于吉利丁的胶凝剂，使用起来比较顺手。

使用吉利丁需要放入冰箱冷藏，但是使用琼脂只需要在室温下就可以了，因为琼脂胶凝所需的温度比吉利丁要高（见第33页的水状胶体）。这种澄清方法大多数情况下用于水果汁和蔬菜汁的澄清，操作过程中需要把果汁或菜汁加热至沸腾，这样才能使琼脂水解。这一点还是稍显烦琐了。

最好的折中办法就是取少量的液体加热至沸腾（比如说取液体总量的20%），然后按照每千克溶液中添加2克琼脂的比例加入琼脂，搅拌均匀后把余下的冷液体倒入琼脂溶液中。把混合好的溶液放在冰水中隔水冷却，溶液就会变成质地较稀的凝胶。用搅拌器轻轻地把凝胶搅散，然后把溶液倒入平纹过滤布做的筛子里，把液体过滤到容器中。这样过滤出来的溶液应该是完全澄净透明的。快要完成过滤的时候，可能需要把布里的溶液搅拌一下，但是不要用力过猛，否则絮状的琼脂微粒可能会被挤出来。如果你能找来一台离心机（谁找不来啊？），那么分离杂质的过程会比用平纹过滤布过滤更快，效率更高。

用吉利丁澄清液体也可以达到跟琼脂一样的效果，但是用吉利丁耗时更长。使用这种方法，你需要先准备一份冷藏过的吉利丁凝胶（每千克液体添加5克吉利丁），然后把它放入冰箱冷冻（或者可以直接用液氮冷冻，详见第42页）。待冷冻成固体后，把固体放在冷藏室解冻，并在固体下方放置好平纹过滤布过滤器和适当的容器，解冻后杂质被分解，澄清的液体会经过平纹过滤布过滤后流入容器中。

用吉利丁澄清唯一的好处，就是不用像用琼脂那样对液体进行加热，但是加热带来的不便可以忽略不计了。在我看来，用琼脂澄清非常快捷，与此优点相比，把液体加热到30℃这一点点不便就不算什么了。

炭过滤和冷却过滤

活性炭是碳经过氧化处理后的产物。活性炭的表面积与质量比很特别。表面积越大，活性炭表面吸附较大杂质颗粒的能力就越强。活性炭过滤法非常适用于最后对微小杂质的过滤。

两个多世纪以来，这种过滤方法一直被用于烈酒的软化。最著名的应该是在伏特加的生产过程中的应用，因为许多伏特加品牌商都以酒经过活性炭过滤的次数为亮点进行宣传。活性炭过滤在烈酒的生产过程中主要是起到软化硬质物质、保持产品的品质始终如一的作用。普通的家用净水器里都有活性炭。

许多威士忌都是用"冷却过滤"的方法过滤的。这个过程可以去除陈化威士忌中的脂肪酸杂质和脂类杂质。顾名思义，冷却过滤就是把液体冷却到−1℃，然后用纤维过滤器或金属过滤器进行过滤。冷却可以使杂质物质的分子结团，形成较大的颗粒团，然后就可以轻松地将其从液体中过滤出去了。

Buon Vino 压力过滤器

其实还有些专门设计用来去除液体中杂质和颜色的设备，比如 Buon Vino 过滤器。这种机器有两个胶管，一个在外面，一个在里面。把一个胶管放入你想要过滤的液体中，另一个胶管放入空的容器，启动气泵，液体就会顺着胶管流入机器内部，经过机器内部的过滤盘，去除颜色后，澄清无色的液体就从另一个胶管流出来了。就是这么简单！

真空过滤

这种方法操作起来非常省时。用真空泵把液体吸入极细的过滤器中，然后排入真空袋内，这确实是非常好地利用了这两种工具。

上图琼脂澄清：1.轻轻地把青柠凝胶液打散；2.通过平纹过滤布过滤；3.（几乎）澄清的果汁

将这种方法与凝胶过滤法结合起来，可以大大缩短过滤的时间，或者使用更细的过滤器，反正这种方法也不需要借助重力的作用。

这种方法通常需要用到一个带有过滤器的专用瓶子。真空泵会制造出低压的环境，迫使液体流过过滤器。比起单独借助重力的作用，使用真空泵更快，效率更高。

旋转蒸发与蒸馏

如果你想要过滤出完全澄净的液体，而且也不在乎牺牲一些风味的话，可以试试蒸馏法。无论是旋转蒸发法（见第50页，旋转蒸发）还是传统的蒸馏法，经过加热、蒸发和冷凝这一系列过程后，你都可以得到如水般纯净的蒸馏液体。

相比之下，旋转蒸发稍有优势，因为旋转蒸发只需要很少的直接热量，因此由于加热而产生的破坏就会降低到最低程度。这种方法最大的问题在于蒸馏瓶中会留存一些（有时候是很多）风味。旋转蒸发法其实是一种分离作用（把可蒸发物质和不可蒸发物质进行分离）而不是澄清。如果你所蒸馏的液体和使用目的允许的话，你可以采取这种方法来澄清，但是每天使用旋转蒸发器来进行澄清也许太耗时了，而且旋转蒸发器这么贵，仅仅用来澄清液体真是可惜了。

离心机分离

离心机分离可能是处在食物链顶端的且代价最高昂的方法。离心机的工作原理是以极高的转速（有些转速能达到7万转/分）使液体旋转起来，使液体摆脱重力的作用。这种巨大的作用力使得物质根据自身的密度不同而分离：油脂类浮在上层，固体颗粒沉底，液体处在中间。仅仅通过地球的重力作用也可以实现这种分离，但是通过离心机可以大大缩短分离的时间。如果在前面提到的几种方法中加入离心机，比如果胶酶过滤法和凝胶过滤法，混合液体的澄清过程会变得非常高效。

任何情况下都可以使用离心机，例如，把水从番茄汁中分离出来，或者把酒从果泥溶液中分离出来。通常离心机可以工作5~50分钟，具体运行时间要依据液体密度和所要求的分离程度而定。

干冰和液氮

用冰来冷却鸡尾酒的这种简单而老式的方法不是不好，但是使用一些其他的冷却方式可能更节省时间，而且为客人调酒时就好像在施展科学的魔法。

液氮

液氮（也称 LN_2）的温度是-196℃，因此在使用液氮时要格外小心。皮肤一旦接触到液氮，就会立即被冻伤，如果撒到宽松的衣服或者鞋上就更严重了，因此在使用液氮时，一定要戴好护目镜、防低温手套和防低温围裙。

液氮一定要存储在特质的杜瓦瓶中——一种可以使氮保持液状的特质压力容器。然而，即使是专门保存在昂贵的杜瓦瓶中，液氮还是会通过瓶上的阀门蒸发。如果不用杜瓦瓶，而是用其他别的容器储存液氮，那将是一场灾难。

液氮一定要存放在通风良好的地方，从杜瓦瓶阀门中蒸发出来的液氮本身是无害的，但是当氮气与空气中的氧原子结合后，会生成氧化亚氮（N_2O），虽然 N_2O 气体也是无害的，但是这种反应会消耗环境空气中的氧气，可能引起窒息，因此要把液氮存放在室外，或是通风良好的室内。

我在使用液氮的时候，通常会先在双层铁质咖啡壶或者红酒冷却瓶里倒一点点，你也可以选用专为此目的而设计的苯乙烯浴槽。

然后有趣的事情就开始了，液氮到底能用来做什么呢？首先，最明显的作用就是冷冻物体。理论上，液氮可以冷冻任何物质（有些元素除外），包括烈酒。我们可以把棒冰模具放进液氮里就可制作出美味的鸡尾酒棒棒糖（见第 103 页，大都会棒冰）。液氮还可以用来隔水搅拌鸡尾酒。在液氮里隔水搅拌马天尼能够把鸡尾酒的温度降到-30℃（实际上这个温度已经非常低了）。大多数酒精度在 40% 的烈酒冰点大概是-23℃。你还可以在杯子里滴几滴液氮，然后迅速旋转杯子使其快速冷却。

液氮也可以用来制作冰淇淋。用普通的冰箱或者冰淇淋机制作酒精冰淇淋是非常困难的，而且费时费力，但是如果用液氮来制作酒精冰淇淋，那就连一分钟都用不了。除了省时之外，由于迅速冷冻会形成颗粒较小的冰晶，因此用液氮制作的冰淇淋口感更加绵密。

最后，你还可以使用液氮实现水果或植物在烈酒中的快速浸渍。把要浸渍的材料浸入液氮中，待材料冷冻成固态后，用搅拌棒或者其他比较重的东西砸碎，待浸渍材料呈粉末状时，把烈酒混入粉末，风味和色彩融入烈酒中的速度之快一定会令你感到惊讶。

干冰

干冰是固态的二氧化碳，温度大约是-79℃。干冰具有独特的升华特性，因此是一种非常实用的工具（也就是说，干冰可以跳过液态，从固态直接蒸发成气态）。一旦皮肤接触到干冰就会被灼伤，因此使用干冰时必须戴好手套和其他防护用具。干冰应该储存在大小合适的冷藏箱中，减少蒸发量。如果暴露在室温下，干冰很快就会消失了。

把液体倾倒在干冰球上，由于干冰突然

被浸没在比其自身冰点温度高很多的物质中，干冰会迅速蒸发，生成肉眼可见的像羽毛一样的二氧化碳气体。如果在干冰上倾倒热水，由于在极大的温差下，热水和干冰需要达到温度的平衡，干冰会产生剧烈的气泡。如果把具有强烈芳香的液体倾倒在干冰上，会产生带有香味的雾，在酒吧调酒的时候可以做出梦幻的效果，给客人带来多重感官的享受。女飞行员酒中的克尼泽十雾（Knize Ten Fog）就是用这种方法做出来的（见第72页）。

干冰不能用于含有表面活性剂或发泡剂的液体中（尤其是水状胶体），这一点一定要引起重视，因为干冰升华生成的气泡会被表面活性剂或发泡剂强化而难以破裂，导致液体持续发泡，并迅速膨胀！

还有一点我一定要强调一下，那就是直接把干冰放进饮料中是非常危险的，如果不小心把干冰吞下去，会对人体造成严重伤害。

干冰还可以用来制作泡泡酒果汁冰糕（见第160页，起泡戴吉利果汁冰糕）。由于干冰其实就是二氧化碳，它可以在与其混合的液体中充入二氧化碳气体，液体即使冷冻成固态，里面也会有气泡存在。干冰的温度非常低，可以冷冻酒精。

用干冰替代普通冰块制作果汁冰糕或格兰尼塔冰糕，最大的好处就是干冰不会稀释饮料。

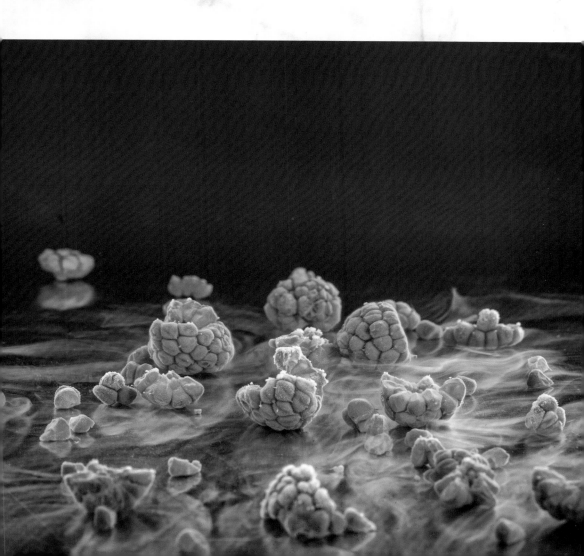

烟雾

第一个给我调烟雾鸡尾酒的人是我的大厨朋友特里斯坦·威尔驰。他给我看了一款叫作"烟雾枪"的手持式烟雾器，我觉得这个名字简直太贴切了。当时他用烟雾枪在饮料上面喷出了苹果木的烟雾，然后盖上了杯盖，过了一会儿，烟雾居然融进了饮料里。当他把盖子打开的时候，饮料烟雾缭绕，呈现出梦幻般的效果。这种烟雾是由木材燃烧产生的，在300℃的温度下，低温闷烧木材产生的烟雾大多是由纤维素和半纤维素的分解产生的。这样的烟雾会有点难闻，因为烟雾中会伴有木材燃烧而产生的气味辛辣苦涩的化合物。大多数气味芳香的烟雾都是由木材中的木质素分解而产生的。木质素是一种化合物，大约占木材结构的1/4（根据不同的木材类型，占比会稍有不同），当燃烧温度超过300℃时，木质素就会分解成复杂的芳香因子——碳酰基和酚类物质。食物中的甜香味和辣香味都是由这些物质产生的，比如香草、焦糖和丁香。等木材燃烧的温度达到400℃时，烟雾会变得更浓，几乎就像液体一样，这时候烟雾的风味是最棒的，而且芳香化合物的含量也最高。

如果温度过高，木材就有燃起明火的风险（烟雾饮料可以证明即使没有明火木材也可以产生烟雾！）。如果产生明火，木材的温度会上升到1000℃——这对于宝贵的芳香物质来说是非常糟糕的，因为它们会随着周围所有的东西一起被烧毁。

要往饮料中加入烟雾，最简单经济的方法就是使用手持式烟雾器。虽然手持式烟雾器的品牌有很多，但我最喜欢的是欧美波利塞斯烟雾枪，这种烟雾枪的价位大概在60英镑。烟雾枪很耐用，而且易于清理，效率也非常高，枪体部分有一个带有标准过滤管的钢制坩埚。使用的时候把木材放在坩埚里，然后用明火点燃。打开开关，烟雾会被风扇吸进去并且从一根活动的管子中排出来。烟雾很容易就被引导至容器、玻璃钟、调酒杯或是玻璃杯中。通过坩埚的气流使低温闷烧的木材可以在没有明火的情况下被充分加热。如果木材的温度达到500℃，木材就会有自燃的风险，不过可以通过控制坩埚内的进气量控制温度，避免木材自燃。

- 把木材放入烟雾枪的坩埚内，然后打开开关。
- 用明火或者厨师喷灯点燃木材，如果需要的话，可以把明火吹灭。
- 等待烟雾的颜色和密度发展到稳定状态，大约需要5秒钟。
- 将烟雾导流至容器中。

一定要定期清理烟雾枪，因为在木材燃烧过程中释放出来的芳香油脂会在烟雾枪的内部堆积。对芳香油脂进行反复的加热和冷却，会使其分解成具有恶臭味的化合物，这会使烟雾的质量显著降低。

选择的木材类型与其产生的烟雾有直接关系。我最喜欢的木材有以下几种。

- **山胡桃木**：甜而芬芳的香气，是户外烧烤使用的典型木材。
- **苹果木**：淡淡的香味，但是有种令人愉悦的果香味。
- **橡木**：味道浓重而强烈，使用时应小心不要盖过饮料本身的味道。
- **木豆木**：香味浓烈而丰富。

45

技 术

泡沫、气泡和鸡蛋

我经常听到有人嘲笑在饮料中使用泡沫和气泡的想法，他们认为这些想法只是一些小伎俩，现代的发明对于饮酒体验并没有带来什么新的变化。在有些情况下我同意这样的说法，添加泡沫和气泡这种补救方法似乎也不能为原本平庸的饮料增添什么亮点。但是你只需要走进酒吧里看一看就会发现，我们追捧的大部分饮料都使用了泡沫和气泡，并取得了很棒的效果。想象一下如果一杯健力士黑啤没有奶油般的浮沫，或者一杯卡布奇诺没有牛奶泡沫会是什么样，甚至是金菲士酒（见第 58 页至第 59 页）如果缺少丰富细腻的气泡会是什么样呢？我建议你不要这么快就否定泡沫和气泡——如果可以正确地运用，它们可以带来与众不同而又不可思议的视觉效果和有趣的味觉效果，使饮料更加受欢迎。

科学原理

泡沫和气泡的作用方式基本相同，不同点在于我把气泡归类为超轻泡沫——气泡太轻了，不能在味觉上有所表现。泡沫气泡的直径通常从 0.1mm 至 1mm 不等，而空气气泡的直径则是从 3mm 至 10mm 不等。

泡沫和气泡都需要用到脂类或者表面活性剂。表面活性剂有亲水侧和疏水侧，因此可以一侧朝向水，而另一侧朝向气体。如果没有表面活性剂，气泡就会很容易从液体中跑出去。这就是气体在水中的乳化，在这里水是连续相，而气体是悬浮相。泡沫的质地有很多种，从泡沫状的奶油慕斯，到蓬松泡沫状零重力的蛋白酥。之所以有不同的质地，可能是由于使用了以不同方式充气生成的表面活性剂。生成泡沫或气泡的空气或气体的量也会影响到质地、稳定性以及味道。

工具

要把空气搅入含有表面活性剂的液体中，Aerolatte 牌的手持式搅拌器或者立式搅拌器，以及 Thermomix 牌或 Blendtec 牌的搅拌机都是不错的选择。但是目前最简单有效的制作泡沫的方法是使用奶油枪。奶油枪可以把 N_2O 强行充入要打发的液体中。首先，把液体倒入奶油枪，并把盖子拧紧，然后用含有 8 克 N_2O 的气瓶对奶油枪充气。这样做可以把容器内的压力增加到大约 600 千帕，迫使 N_2O 溶进液体里。当液体从喷嘴中喷出时，由于突然遇到大气压，充入液体内部的气泡会膨胀为轻盈的泡沫。奶油枪可以在使用前几个小时先进行冷却，这样可以有效延长液体的保质期。

稳定剂（表面活性剂）

像蛋白和奶油这样的传统食材可以打发成稳定的泡沫。蛋白可以打发生成蛋白质泡沫，而粉末状蛋白（蛋白粉）更胜一筹，因为鲜蛋白中水分占有很大的比例，这使得蛋白的总量变大，而且处于被稀释的状态。而奶油的打发主要是因为脂肪球形成了稳定的泡沫。有一点很奇怪，许多泡沫稳定剂都无法在泡沫中共存，比方说，脂肪是奶油中的泡沫稳定剂，但是却能够抑制蛋白中的蛋白质（这就是为什么你做蛋黄酥的时候不能掺进蛋黄）。

大多数水状胶体都可以用作泡沫稳定剂，只要打发的液体在水状胶体的应用范围之内就可以了（比如说 pH 值、盐度和酒精

度，见第 32 页至第 35 页）。

琼脂、吉利丁和结兰胶都非常适用于奶油枪，但是为了使稳定剂均匀溶解，在使用前需要先加热液体。从另一个方面说，琼脂和结兰胶泡沫具有更好的热稳定性，因此适用于热饮或直接为客人提供热的泡沫。黄原胶和白蛋白（蛋白）粉则不需要使用加热过的液体。黄原胶产生的泡沫比大多数其他水状胶体产生的泡沫大得多，然而白蛋白粉则可以说是全能选手，因为使用白蛋白粉，不用加热液体也能够打发出精美绵密的泡沫（见第 72 页，女飞行员酒）。

说到气泡，卵磷脂则是最佳选择。卵磷脂是一种脂类，或者说含脂肪的物质，存在于蛋黄中。1.5% 的卵磷脂溶液可以耐受高酸度和酒精含量高达 30% 的溶液。卵磷脂配合使用鱼缸气泡器或者 Aerolatte 牌奶泡器可以产生非常轻的泡沫。请看第 112 页的实例，绿仙子萨泽拉克鸡尾酒。

鸡蛋

在鸡尾酒中使用鸡蛋、蛋黄和蛋白的做法有着悠久的历史。许多古典鸡尾酒，比如

稳定剂	状态	用量	使用方法	备注
琼脂	湿润稀薄的泡沫	0.1%~0.5%	把液体加热至 85℃后放入琼脂待充分溶解，然后倒入奶油枪中，充气并冷却	可以直接热饮
吉利丁	有弹性稳定的泡沫	3%~5%	把液体加热至 60℃，放入吉利丁，待充分溶解，再倒入奶油枪中，充气并冷却	质地极佳，而且吉利丁没有多余的味道
蛋白	稳定的慕斯状泡沫	3%~15%	充分搅拌，或加入奶油枪中。倒入奶油枪中，充气并冷却	不需要加热
卵磷脂	干燥空气	1.5%	使用鱼缸气泡器或 Aerolatte 牌奶泡器搅拌	大气泡

说菲利普酒、牛乳酒以及奶油葡萄酒，都需要使用整只鸡蛋，因为鸡蛋可以为鸡尾酒带来更好的风味和质地。

许多出现在1860—1930年这个黄金时代的鸡尾酒也需要使用蛋白。但是在有些国家，比如日本，很少使用生的鸡蛋来调酒。那么用鸡蛋调酒的目的是什么呢，这样做到底安全吗？

整只鸡蛋

整只鸡蛋可以增加饮料的密度或黏稠度，尤其是可以给鸡尾酒带来一种别样的口感。我们可以用富含糖分、脂肪和蛋白质（这也是这些饮料往往都含有的成分）的材料来制成稠厚质地的饮料，这都是人体必需的成分。我们想喝（更多的是一种喝和咀嚼相结合的体验）这种营养丰富而质感醇厚的鸡尾酒，这是一种原始而又基本的需求，尽管大多数人最多也就只能喝两口。

鸡蛋也增加了鸡尾酒的风味——蛋黄中33%的物质是有风味的脂肪酸（余下的是大约50%的水分和大约17%的蛋白质）。

蛋白

蛋白溶解在饮料中形成一种蛋白质网，可以在鸡尾酒中保存一些空气。有些情况下，这种蛋白质网很快就会消失，使得大多数液体从蛋白质结构中释放出来，在饮料上面留下干燥而松软的泡沫。这并不意味着鸡尾酒的液体部分中就没有空气存在了；液体中仍含有空气，但是你会发现，在某种程度上，即使是不含蛋白的饮料中也含有空气。

有时候，如果饮料中含有一些有助于增强蛋白质网的物质，你会发现蛋白可以对整杯饮品起到很好的稳定作用，而且可以使气泡在液体中乳化。比方说柑橘类果汁和酸类都可以对含有蛋白的鸡尾酒起到很好的稳定和固化作用，因为酸可以改变蛋白中蛋白质的性质，使蛋白质硬化而牢固。

怎样通过蛋白对鸡尾酒充气

要使细小的气泡溶解在含有蛋白的饮品中有，诀窍就是气泡越小越好。最好的操作方法就是把液体、蛋白和空气尽可能用力搅拌，混合均匀。像拉莫斯金菲士酒这样的饮品（见第58页至第59页）就需要进行连续不断地摇和。摇和只是其中一种方式，但是现如今我们可以用手持式搅拌器和打泡器来帮助我们制造气泡。

许多调酒师都选择"干摇"，意思是先摇和不加冰的鸡尾酒，然后再加入冰块继续摇和，原理是冰块会阻碍空气在水中的乳化作用。但我觉得这种方法完全不能满足要求，因为即使先不放冰块进行摇和，其优点也会在后期放入冰块后而消失。我做了一些尝试，想看看还有没有其他的选择，最后我找到了一个更好的方法（比"干摇"法更好）。

先在饮品中放入冰，进行常规的摇和，然后把液体过滤出来，把冰从摇酒壶里倒出来，再把饮品倒回摇酒壶摇和，摇好后倒入杯中。

还有一个更好的方法是先放冰摇和，然后把冰过滤出来，用打泡器搅打。这样不费吹灰之力就可以制出大量的充气饮品。

安全性

英国的食品标准局（FSA）和美国的食品药品管理局（FDA）都表示，含有未消毒的鸡蛋和以鸡蛋为主材的食品，都应煮熟后食用。也就是说，鸡蛋至少要在63℃的温度下煮5分钟才可以提供给客人食用。

如果你觉得鸡尾酒里的酒精可以杀死鸡蛋中的有害细菌，那我得赶紧辟谣。大多数杀菌剂的酒精度都不低于70%，因此才能实现杀菌效果的，这个浓度比大多数烈酒都高得多。

如果要避免感染沙门菌，又想要达到用生鸡蛋才能达到的效果，那就使用经过消毒的鸡蛋制品吧。市场上可以买到在精确温度下经过特定时间加热的天然蛋白，这种蛋白中的所有有害细菌已经被全部杀死。

你也可以直接买经过巴氏消毒的鸡蛋。就像单独的消毒蛋白一样，巴氏消毒鸡蛋也是在精确的温度和时间控制下经过消毒，去除了所有的细菌。

巴氏消毒鸡蛋的缺点在于其质感（包括发泡能力）会受到不利影响。如果你曾经吃过煮熟的巴氏消毒鸡蛋，你一定会发现这种鸡蛋的质地是糊状的，而且就像用在鸡尾酒中的表现一样，尽管没有了感染细菌的风险，但是打出的泡沫却远远不如鲜鸡蛋好！所以，我们还是看一看食用生的、未经消毒的鸡蛋到底有什么风险吧。

在英国，食品标准局在 2005 年和 2007 年走访了 1567 家餐饮店，做了一项关于鲜鸡蛋的调查。他们取了 9402 份鸡蛋样本，其中只有 1 只鸡蛋内部含有肠炎沙门菌，5 只鸡蛋的蛋壳表面存在肠炎沙门菌。

感染沙门菌可能会致命，也经常会引起典型的呕吐、不适和腹泻等症状。有时候可能人体还没有感觉到，感染过程就已经过去了。食品标准局称在已知的病例中（可能还有许多未被记录的病例），鸡蛋沙门菌感染的致命率在 1/5000 以下。

总的来说，如果鸡蛋含有沙门菌的概率是 1/10000，而死于这种细菌的概率是 1/5000，那么也就是说，吃生蛋白感染沙门菌并致命的概率是 1/5000 万，这跟欧洲核子研究中心的大型强子对撞机吞没了整个宇宙的可能性差不多大，比你坐飞机失事的可能性还要小 5 倍。

在英国，购买带有狮子印章的鸡蛋是一个好办法。鸡蛋上盖有狮子印章，说明生产商按照安全指导要求进行生产，以期降低鲜鸡蛋感染沙门菌的可能性。另一种选择就是使用白蛋白（蛋白粉，见第 46 页）。

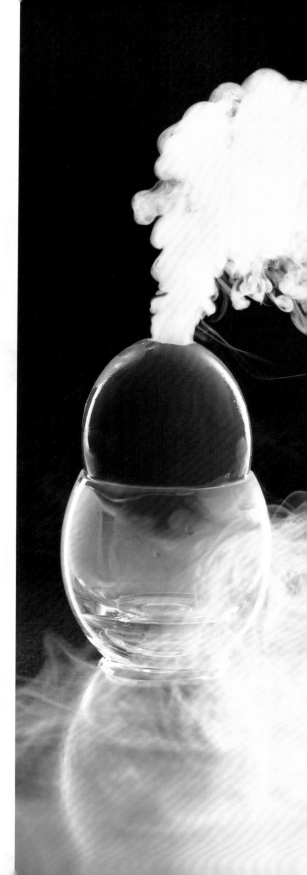

旋转蒸发

旋转蒸发器（如下图）是一种实验室级别的真空蒸馏设备。实验室的研究员会使用旋转蒸发器通过精确控制蒸发来分离溶液中的潜在有害物质。在酒吧里，它可以用来制作浸渍液、浓缩液和水溶胶，也可以用来澄清液体。

旋转蒸发器是利用液体在不同气压下有不同的沸点这一特性。在标准大气压下（101.3 千帕），水的沸点是 100℃，但是如果你在珠穆朗玛峰上，气压只有 26 千帕，那么水的沸点只有 69℃。这就是使用旋转蒸发器的绝妙之处。通过降低蒸发器内部的气压（有时候能降到 600 帕），我们可以降低液体的沸点，传统的蒸馏方式可能会造成破坏，而降低沸点可以避免过度加热对液体或食材造成破坏。过度加热会破坏液体或食材吗？是的，你喝过经过蒸馏的橙汁吗？也许你没喝过，但我可以告诉你，橙汁经过蒸馏后就没什么味儿了。果汁中的许多风味化合物其实是非常容易被破坏的，在经过人为的过度

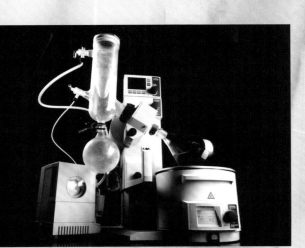

加热后就会消失殆尽。加热破坏是不可逆的（就像你不可能把吐司变回面团一样），因此一定要想办法避免过度加热。使用旋转蒸发器时，蒸发瓶被夹在系统装置，在上半部入装入液体、液体混合物或者是固液化合物（比方说水果、植物和香料），然后整个系统下沉，烧瓶进入精确温控的热水中旋转，隔水加热，确保温度尽可能稳定，同时增加烧瓶内液体的表面积。烧瓶内液体的表面积越大，蒸发就越快。旋转速度越快，蒸发速度也越快，因为旋转本身就可以增加瓶内液体的表面积。

通过真空泵和控制器可以降低旋转蒸发器内部的气压，精确控制蒸发烧瓶内液体的沸点。如果烧瓶内部的压力降低过快，有可能引发液体过度沸腾，从烧瓶中溢出淹没整个蒸发器。

如果不能把蒸汽转换成液体，那么大量的蒸发和精准控制的温度也是无济于事的。有些旋转蒸发器采用干冰冷阱，但是大多数旋转蒸发器用的是冷凝蛇形管，通过从冷凝蛇形管中抽过乙二醇（防冻剂）和水的混合物实现冷凝。水浴温度和冷凝器温度之间的温差越大，蒸馏的效果就越好。用循环冷却器把冷却剂抽过冷凝管，把温度降到至少 −10℃，当然了，温差也是越大越好。

在蒸发烧瓶中放入水和固体材料的混合物，可以制成水溶胶（水浸渍）。这种方法对于精致材料（草本植物和花朵）的处理也非常适用，比如橙花水这样的产品大多数情况下也是用这种方法制作而成的。

鸡尾酒陈化

本节的内容是所有鸡尾酒和利口酒／烈酒陈化的基础，要参阅鸡尾酒陈化的使用实例，请看相应的鸡尾酒章节的内容。

木桶陈化

在跨大西洋航行的早期，人们就普遍地把所有东西用木桶储存——从鳗鱼冻到尸体都可以用木桶储存。橡木桶质地结实，天然抗菌，并且价格低廉。酒也被储存在木桶中，木桶可以把酒醇化，去除刺鼻的气味，也可以给酒增添香气、香草味和坚果味，并且可以把所有的风味都融合在一起。尽管我们对木桶的作用已经非常了解，但是对其原理却知之甚少。

现在，我们对于橡木桶和酒之间的相互作用已经有了更加深入的了解，但是仍然有很多因素是未解之谜，木桶陈化的工艺也很难控制和预测。搅拌器能手——顾名思义——是非常受欢迎的工匠，他们的工作是把橡木桶做到最好，而且判断把酒从木桶中取出的时机。如果没有这些人，我们不可能享受到苏格兰威士忌、波本酒、干邑白兰地和其他经过陈化的酒。木桶陈化可能是最复杂的陈化技术，因为木材本身变成了一种制酒的材料，而且有着很大的不确定性。

木桶有不同的尺寸、类型和年份。新的橡木桶出味很快，而第二次或者第三次使用的木桶在出味效果上自然有所下降。你可以找一些曾经装过其他酒的木桶——比方说雪莉酒、红酒或者波本酒，举个例子来说，也可以选用炭化或烘烤程度不同的木桶。木桶的尺寸也会影响液体的表面积比，小一些的木桶比大木桶出味要快得多。所有这些因素，包括陈化的时间，都会对最终产出的酒产生显著的影响。

色谱分析法证明了木桶陈化过程中会产生一些酚类和呋喃醛类化合物。我们已知的陈化带来的关键的风味都是由这些化合物产生的——比方说干味、香草味、坚果味、树脂味、果味、甜味以及烘烤过的味道。我们可以把产生这些风味的反应分为三个阶段：浸渍、氧化和萃取。

浸渍

浸渍是指烈酒或者鸡尾酒直接从木材中获取"好东西"的过程。你可以把经过高度压实的木桶想象成一个倒置的茶包。木桶内部经过炭化或烘焙过程，使得木材中的各种结构都被分解成短链糖，短链糖很容易就会被浸渍到液体中。

大多数我们熟悉的"木质"香味，比如香草、黄油、焦糖、香蕉和椰子，都是由于木质素分解而散发出来的风味——木质素是木质组织中细胞的次生壁。香草醛，也就是散发香草香味的物质，在香草中大量存在（大约占香草重量的2%）。正是由于香草醛的存在，香草口味才能够成为全世界第二流行的口味（最流行的是巧克力口味，但是巧克力口味中也含有香草醛，甚至母乳中也含有香草醛）。如果木质素进一步分解，也可以产生烘烤味和烟熏味。

所有的木桶陈化酒都会从木桶中提取一定量的鞣酸。在欧洲，木桶中普遍含有鞣酸，而在美国却截然相反。鞣酸会使经过陈化的酒在颜色上发生很大变化。在味道上，鞣酸

给人一种奇怪的干涩的口感，但如果能花些心思把这种干涩的口感融合在酒里，则可以使酒具有令人愉悦的口感和平衡的触感。

氧化

氧化在烈酒或红酒的陈化过程中是非常重要的一环。氧化可以使酒不断增进和丰富。乙醇（酒精）氧化后变成乙醛，乙醛可以散发出雪莉酒中那种坚果和青草的味道。这种氧化反应使得雪莉酒和味美思（味美思在制作过程中也经过不完全氧化处理）具有特别的回味。

关于雪莉酒的主题与木桶陈化的争论其实有着很大的关系。欧罗索雪莉酒其实是红酒与烈酒结合后在木桶中陈化的产物——事实上，调制马丁内斯和曼哈顿也是用了同样的材料：烈酒、红酒和苦精。综上所述，在生产雪莉酒的过程中也会应用到同样的理论来实现这种效果，我想我们很难无视木桶陈化鸡尾酒这一概念。

我们继续来说乙醛。乙醛本身也可以被继续氧化，转变成乙酸。少量的乙酸会给鸡尾酒带来些许"刺痛感"和"丰富感"，但是大量的乙酸会产生刺激性的味道，因此应该严密监测乙酸的产生量。

萃取

萃取其实就是使饮料软化。人们认为这个过程是由于木材中的半纤维素（半纤维素占橡木的15%~25%）的存在而引发的。半纤维素和酸类在液体中反应，产生复合糖，而人们认为正是这些复合糖使得饮品轻微软化，并且对鸡尾酒产生融合和统一的效果。有意思的是，酸性越强软化的效果就越明显，这就是为什么含有味美思的酒口感更好的缘故。加强鸡尾酒的酸性可能会为它带来非常有趣的变化，也会为你带来特别的灵感。

要了解木桶陈化的实例，请看第76页的橡木桶陈化马丁内斯。

酒瓶陈化

如果我建议你把酒放在玻璃瓶里，密封好后等上一段时间，你一定觉得我傻极了。通常人们都认为酒瓶子不能用来对酒进行陈化，原因很简单，因为酒精度太高了，但是一些新的研究发现这种看法可能不完全正确。经过数年的封存，精致葡萄酒会在酒瓶中逐渐成熟、醇化，并且发展出复杂的口味。由于比较烈的鸡尾酒的酒精度介于红酒和烈酒之间（稀释后的酒精度一般在25%~32%），也许在酒瓶里进行陈化的想法也就没有那么疯狂了吧。

我曾亲自用三角测试法对陈化鸡尾酒和新鲜鸡尾酒进行过对比，两种鸡尾酒之间的差别是很明显的——风味的和谐程度、酒精的软化程度——但很难说明白这种不同之处到底是什么。有许多理论试图解释鸡尾酒或者烈酒在酒瓶中存储一段时间后所发生的反应，但是截至到现在，基本上都是猜想。

我最喜欢的一种解释是当酒精度达到20%甚至更高的时候，酒精分子和水分子无法充分均匀地混合在一起，酒精分子在一段时间后会形成集团。可能由于新制成的鸡尾酒中含有未经陈化的烈酒，因此新鲜的鸡尾酒混合程度不够均匀，会有一些刺激性的口感。随着鸡尾酒逐渐陈化，酒精分子紧密成团，也就意味着鸡尾酒的口感更加顺滑！

请看第60页的香槟金菲士酒，这是酒瓶陈化的实例。

钢制容器陈化

钢制容器陈化是比酒瓶陈化还要神奇的陈化方式，因为这种陈化方式速度更快，而且能令鸡尾酒具有更加"顺滑"的口感。最妙的是，这种陈化方式经济实惠，操作方便。

请看第135页的工业革命酒，那一部分对钢制容器陈化有着更具体的解释。

➤➤➤ 金酒 ➤➤➤

伏特加

白兰地和干邑

鸡尾酒

✱ 威士忌 ✱

朗姆酒

龙舌兰酒

金酒

金酒的特别之处很容易被人忽视。一种酒很大程度上都是由其原料（谷物、葡萄、甘蔗）和生产方式（发酵、蒸馏、切割）塑造的，有时候陈化过程可能也会有影响。但是金酒则不然，金酒是有风味的烈酒。金酒的生产者基本上以伏特加这种口味清淡的中性酒精为基础，用蒸馏器把"植物萃取"成分加入到伏特加中，比如草本植物、水果、树皮、根和香料，并进行二次蒸馏。最后产出的就是清澈的金酒，其中包含着可挥发、可蒸馏的植物成分，这些成分可以为金酒增添风味。

我曾经尝过一种只有两种植物成分的金酒，也尝过一些超过20种植物成分的金酒，我最喜欢的是含有4~5种植物成分的金酒。这种制酒艺术只用很少的风味，就可以给烈酒带来丰富的口感，这对我来说真的很有吸引力。

金酒可能是英国的发明，但是它是基于荷兰的一种古老的"杜松子酒"。杜松子酒的英文是"genever"，是从法语中的"juniper"（杜松）一词演变而来的，这种酒大约在16世纪就已经存在了。从历史的角度来说，杜松是金酒和杜松子酒最主要的风味，是为金酒带来松香香气、皮革香、青草香和香料香的成分。

杜松子酒还有药用价值，可以治疗各种各样的小毛病，如消化不良、肾结石以及一些肠道传染病。正因为杜松子酒具有这些药用价值，它慢慢发展成全社会都会用的"万灵药"。到17世纪中叶，荷兰人只要有机会就会喝杜松子酒。在17世纪30年代战争时期，英国士兵与荷兰的军队并肩作战，当时荷兰军队喜欢在战役之前"借酒壮胆"，英国人也很喜欢这种做法，于是他们把杜松子酒也带回了自己的家乡。伦敦人很喜欢这种酒，而且在荷兰国王威廉姆奥兰治统治期间（1689—1702年），杜松子酒的生产和消费迅速增长，不久之后，这种酒就被称为"荷兰金酒"。金酒充斥着各个角落，从小街道、典当行、街头小摊，甚至精心建造的贫民窟都可以看到人们在喝金酒。

到了18世纪中叶，人们对金酒的狂热更加高涨。据说在伦敦中心的圣吉尔斯区，四分之一的人家都会在家自制金酒。买来便宜的烈酒，然后在家自行调味，这种做法在当时是非常普遍的，但是通常无法获得最理想的调味料，因此人们都用不太健康的松脂代替。

最后，一个控制酒的生产与销售的法案颁布实施，随着这个严苛的控酒法案，"金酒狂潮"也逐渐退去。这使得少数品牌进入了制酒的升级大战，从某种程度上也提高了金酒生产的质量，含糖量更低，同时也促生了"伦敦干金酒"，并且成为一种独立的风格。

现在，伦敦干金酒的生产遍布世界各地，生产的唯一要求是主要风味一定要是杜松子。这种模糊的生产标准促生了一种新的金酒品种，叫作"新西方"，这种酒的主要风味并不一定是杜松子。说到这里，如果不提"普利茅斯金酒"就太不公平了，这是一种独立的金酒品种，其重要特征是酒中含有甜味的植物萃取成分，并且原产自英国德文郡的普利茅斯，酿酒用的水都是来自达特姆尔高原的高山上。

金酒在最近几年又重新恢复了势头。我

这么说是因为一些经典的鸡尾酒中都使用了金酒。在 1930 年出版的《萨沃伊的鸡尾酒》一书中，超过半数的鸡尾酒都含有金酒，而我个人喜欢的许多鸡尾酒也都是以金酒作为基酒。在这一章节，你可以了解到一些这类鸡尾酒的经典的形式，还可以看到我运用可用的资源创作的一些现代鸡尾酒。

拉莫斯金菲士酒

这种酒打破了调酒术的第一准则（本书中还有不少其他的酒也是这样）：保持简单。拉莫斯金菲士酒需要把包括奶油和柠檬在内的许多成分混合在一起，然后按照说明摇和 12 分钟以上。然而这样调出来的却是一杯丝般顺滑的提神酒，如果配比掌握得当，拉莫斯金菲士酒绝对可以媲美任何一种值得啜饮品味的鸡尾酒。

这种酒可以追溯到 1888 年的新奥尔良一位名叫亨利·拉莫斯的乡绅。由于当时的劳动力非常廉价，拉莫斯雇用了一些"摇酒工"站成一排，整夜不停地调制鸡尾酒。

让我们来看一下成分表，这款酒真是一个反复试验的典型案例。很少有鸡尾酒中同时含有柠檬汁和青柠汁，谁知道呢，反正这两种果汁都有着很特别的风味。同时含有柑橘类果汁和奶油的鸡尾酒就更加少见了——在调酒界，人们普遍认为这种混合方式简直就是"雷区"。这款酒里还有一种非常特别的成分——橙花水，这种成分很少会出现在其他混合饮料中。那么这份酒谱是偶然所得吗？那该是一个多么伟大的日子才会得到这份酒谱啊，这款酒真是一个了不起的成功。

想要体验口味均衡的鸡尾酒，以及从食管顺流而下的油滑的口感其实非常简单。用糖可以平衡普通菲士酒里的酸味，橙花水可以为金酒加入香气。当我第一次喝到拉莫斯金菲士酒的时候，就马上想到了我妈妈做的青柠芝士蛋糕。

摇和对于这款酒有以下作用。首先，可

50 毫升添加利十号金酒

25 毫升重奶油

1/2 个蛋白

15 毫升鲜榨青柠汁

10 毫升鲜榨柠檬汁

12.5 毫升糖浆

3 毫升橙花水

1 片柠檬片，装饰用

把所有材料和冰块一起摇和不少于 12 分钟。
准备一个冷却好的高球玻璃杯，把过滤出的酒
倒入杯中，并用一片柠檬片装饰。

以对酒进行冷却和稀释，但是在大约 1 分钟之后，酒的温度和稀释程度就会达到稳定状态，温度达到-2℃（具体温度根据所使用的冰的不同而不同）后冰就会停止融化了，但是酒的温度会保持冰冷，几分钟之内不会有太大变化的。其次，使奶油和鸡蛋得到充分的混合和乳化。鸡蛋相当于表面活性剂，可以把奶油和其他成分结合在一起，形成丝滑的乳液状。尽管摇和 12 分钟有点让人崩溃，但是为了达到这样的效果，一定要充分混合鸡尾酒，不要使其分层。当然，你也可以在摇和之前借助搅拌机、搅拌棒或者超声波探头把酒液充分搅拌。嘿，我有个更省事的办法，不如想办法回到 1888 年雇一个调酒师吧。

香槟金菲士酒

我在伦敦东区开第二家酒吧，也就是崇拜街口哨店之前，我曾和瑞恩·柴提亚瓦达那（酒吧的经理）在一起研究一种很有趣的含有金酒和酵母的概念酒。瑞恩有个主意，

想要把调制好的鸡尾酒混入酵母，然后装进酒瓶中使鸡尾酒发酵，然后可以贴上广告纸整瓶提供给客人。这种酒的名字就叫香槟金菲士酒。

鸡尾酒的发酵需要很长时间，对于每一批试验的鸡尾酒我们都必须耐心等待酵母发挥作用。世界上每一种酒精制品的生产都是从酵母发酵开始的，这就是微生物把糖转换成酒精的过程。对于香槟酒和一些瓶装啤酒来说，酵母的作用就是在常规发酵完成后在饮料中充入二氧化碳气体。把新鲜的酵母放入酒里，然后密封好存放很长时间，酵母在这段时间里会分解掉剩余的糖分，并且把这些糖分转化成二氧化碳气体，为香槟带来独特的气泡。

瑞恩和我把同样的原理应用在一款没有气泡的金菲士酒中（或者说是普通金酒）。我们这么做不仅仅是想要在酒里充入二氧化碳气体，还想为普通的金菲士酒中加入像香槟酒那样的口味。

我们开始的时候尝试了许多种不同品牌的香槟酵母（香槟酒使用的是一种特别的酵母，因此才会有特别的味道）。我们从发酵速度、充气程度和风味等方面进行测试，最后选定了 Lalvin 牌的 EC-1118 酵母，这种酵母发酵速度最快，效率最高。

下一步就是要确定这款酒具体的成分表了。通常这个任务应该挺简单的，但是由于酵母的作用，这款酒的均衡性和风味都有可能会发生变化。另外，为了使酵母能够最大限度地发挥作用，还要尽可能把糖、酸和酒精保持最佳配比。我们设计了许多对比试验，通过测试不同含糖量和含酸量的鸡尾酒，看看怎样的比例能够产出最好的产品。有时候，酒根本没有发酵，可能是因为含酸量太高了，而有的时候酒瓶可能会爆开，这又有可能是含糖量太高了！有一个秘诀，就是在等待鸡尾酒发酵的时候要保持温暖的环境温度，经过一定时间之后，再把鸡尾酒放入冰箱，使发酵过程停止，酵母进入休眠状态。我们还对不同的发酵时间进行了测试，观察最佳的发酵时间到底是多久。

经过数月的试验，我们发现其实酵母的发酵效果很难预先判断出来。即使是其中一个因素发生非常轻微的变化，也可能使整个过程完全失控，做出来的东西根本不能喝。

在用金酒进行发酵的试验之后，我们最终确定了成分配方、发酵时间和温度。接下来我们要做的就是制作标签，成批成产和装瓶，只有生产出足够的产品，我们的工作才能持续下去。因为准备的过程需要一周以上的时间，因此怎样保持健康的库存水平也是非常重要的！

在口哨店，我们制作这种鸡尾酒时，用到了香槟酒瓶和一种特殊的上瓶塞机，但是如果你能买到一些带弹簧瓶盖的酒瓶，就也能在家里自己制作了，这就像烤一块面包一样容易。

香槟金菲士酒

◆

柠檬和青柠糖浆

50 克柠檬皮 • 40 克青柠皮

270 毫升水 • 600 克糖

30 毫升伏特加 • 3 克柠檬酸

2 克苹果酸

把柠檬皮和青柠皮放在 60℃的热水中进行真空低温浸渍 2 小时，然后用平纹过滤布过滤出浸渍液，然后将其倒入深平底锅中。在锅中加入糖，然后加热至糖融化，然后加入伏特加、柠檬酸和苹果酸。装瓶后可放入冰箱保存，待需要时取用。

香槟金菲士酒

400 毫升水

10 克 Lalvin 牌 EC-1118 香槟酵母

170 毫升添加利伦敦干金酒

90 毫升柠檬和青柠糖浆

橙花水

此量可做 6 人份

取 100 毫升水，加热到 35℃。加入香槟酵母后迅速搅拌，然后静置 5 分钟。把金酒、柠檬青柠糖浆还有剩下的水放在一个大碗中混合均匀。把酵母水倒入碗中，用力搅拌使空气进入液体中。待混合充分后，把混合物倒入消毒过的香槟酒瓶中，塞好软木塞。放在环境温度大约为 30℃的地方存放 9 天，然后放入冰箱，瓶口朝上，再存放 2 天。

上酒的时候，先用橙花水在冷却好的细长型香槟酒杯中做雾化，然后倒满酒杯。

马天尼

---◆---

50 毫升添加利十号金酒
15 毫升马天尼特干味美思
1 颗橄榄或者 1 块扭拧柠檬片卷，装饰用

•

把所有材料混入冰块后搅拌 60 秒，过滤后倒入冷却好的马天尼杯中，
并用一颗橄榄或一块扭拧柠檬片卷做装饰。

---◆---

小心，你现在面对的可是鸡尾酒之王。是什么让马天尼如此具有代表性呢？通常人们将其推崇为鸡尾酒文化背后的推动力，因此你听说过的第一款鸡尾酒很可能就是马天尼。为什么一款酒可以在鸡尾酒的市场中分得这么大一杯羹呢？

到底是什么让马天尼成为一款这么伟大的鸡尾酒，这很难说。很多人认为是马天尼特有的酒杯使然。马天尼杯是被正式命名为"鸡尾酒杯"的一种玻璃杯，整个杯子呈标志性的"V"形，杯体下面有一段杯柄，杯体中盛满鸡尾酒，直到 20 世纪 80—90 年代，当时所有用马天尼杯盛放的鸡尾酒都被叫作"[某某口味]马天尼"。

戴维·A.恩博利在 1948 年出版的《混合饮料的艺术》一书中说，马天尼是"最完美的开胃鸡尾酒"，这绝对是实至名归，因为马天尼的植物性成分使它接近于药用酒的功效，能够以一种与众不同的方式激活人的味觉。

如果你真的想要知道马天尼的与众不同之处，可以在豪华酒店的酒吧里找个位置坐下，然后点一杯马天尼，伦敦萨沃伊的美国酒吧，或者纽约的游牧酒店都是很完美的选择。如果你不能去那些地方喝马天尼，那就试着照着我的酒谱自己调一杯吧。

对有些人来说，马天尼出奇地烈（真正的马天尼跟你刚满 18 岁的时候在本地的酒吧喝到的那些山寨调酒师调出来的"苹果马天尼"可完全不是一回事儿！），要想真正接受马天尼，通常都需要尝试几次才能做到。不知道哪一次就会发生一些特别的事儿：你会觉得马天尼喝起来特别顺口，仿佛神秘的面纱就此被揭开，马天尼从此对你产生了不可思议的吸引力——突然之间，这种只有两种成分的混合物就像是全世界最佳的风味组合。可能正是这种朴素而又充满魔力的组合使马天尼在一众鸡尾酒中显得如此圣洁。

关于这款酒的来历，就像这款充满魔力的鸡尾酒一样神奇。事实是这样的，"马天尼"比"干马天尼"出现的更早（稍后我们将进一步讨论这些差异）。马天尼可能是从马丁内斯（见第 74 页）发展而来的，而马丁内斯又很可能是从曼哈顿（见第 132 页）发展而来。这款酒的名字"马天尼"的具体由来我们不得而知，不过比较普遍的说法是马天尼 & 罗尔西（味美思）公司推出了一种用马天尼味美思制作的马丁内斯酒，后来这款酒的名字很快就换成了马天尼。

据我所知最早的关于马天尼鸡尾酒的记载是出自亨利·J.韦曼在 1891 年出版的《韦曼的调酒师指南》一书中：

（使用大号酒吧玻璃杯）在杯中放入冰块，用滴瓶甩2~3滴树胶糖浆，2~3次苦精，1次库拉索利口酒，再倒入半杯老汤姆金酒，半杯味美思。

这听起来像是一杯马丁内斯，这也更明确了马丁内斯和马天尼这两种酒之间的固有联系。干马天尼是在若干年后出现的，可能口味有些变化。杰奎斯·路易斯·麦肯斯特姆在1906年出版的《路易斯的混合饮料》一书中，记录了一款跟现在的干马天尼十分相似的酒：

2 小杯干金酒

1 小杯法式味美思

用滴瓶甩1滴库拉索利口酒，2次橙味苦精

关于马天尼中金酒和味美思的比例一直有很大的争议，但是可以确定的是一定要用干味美思（尽管名字是干味美思，但是会有轻微的甜味），因此味美思的使用量决定了马天尼有多"干"。传说温斯顿·丘吉尔就喜欢非常干马天尼，哪怕只是目光穿过房间瞥见味美思的瓶子也能让他十分满足。当然，当我开始自己的调酒师职业生涯的时候，调制马天尼的流行趋势是15∶1（金酒和味美思的比例），金酒占大头——这实际上是非常干的调法。如今，我个人更喜欢3∶1的马天尼，有些人可能就把它归类为湿马天尼了（味美思的比例较大），但是我个人非常喜欢。这种3∶1的马天尼很容易让人回想起二十世纪二三十年代。

然后我们要说说调制马天尼应该摇和还是搅拌呢？我们都知道詹姆士·邦德喜欢怎么调制马天尼，但是到底有没有标准的调制马天尼的方法呢？史料记载马天尼应该是搅拌调制的，但是在伯纳德·德·沃托在1948年出版的《时刻》一书中这样说：

或者相信一种迷信的说法，说马天尼绝对不能摇和，这简直连歪理邪说也算不上

根本就是无稽之谈。这种完美的酒是用金酒和味美思调制而成的，这两种酒本身都是烈酒，性质都很稳定，我们不必把它们看得像鸸鸟蛋似的，调制马天尼的时候不管是摇和还是搅拌都没关系。要是把冰渣子倒进鸡尾酒杯里倒是会有些影响了，有种荒谬的说法说我们绝对不能"把金酒碰坏了"，我估计这可能就是这种说法的来源吧。

我对书中这样的说法表示赞同。摇和马天尼和搅拌马天尼之间主要有3个不同之处：

1. 摇和马天尼调制起来要更快！（有时候这一点是很重要的！）

2. 通常情况下，摇和马天尼充入气体的效果更好。液体中充入细小的空气气泡，也给酒带来一些轻微的云雾状的效果。以我的经验来看，酒中充入气泡并不是一件坏事，这可以使酒的味道更加明快，通常可以更好地释放酒的风味（红酒专家经常会通过倒灌和啜饮的方式来达到此目的）。

3. 摇和马天尼看起来也不一样。你可能会发现这种云雾状的效果会使酒失去一些"芳醇"的质感。虽然在味道和香气上都没有太大的变化，但有时候在液体的澄清度还有颜色和统一性方面会有些影响。

我的经验告诉我湿马天尼用搅拌的方法更好，而干马天尼最好是用摇和的手法来调制，我也不知道这是因为湿马天尼的酒精度更低一些，还是因为其中味美思含量比较高。

用橄榄还是用扭拧柠檬片卷呢？这是一个非常主观的问题，只有你自己才能回答。这两种材料我都喜欢，有时候用橄榄，有时候用柠檬——饿的时候可能我会两种都用。这里关于使用扭拧柠檬片卷有一个小提示：不要把半个柠檬的柠檬汁都拧进酒里，否则这杯酒的柠檬味就太重了，或者说就只剩柠檬味了。切一条或一片（差不多像邮戳的尺

寸那么大就行了）柠檬入味就完全可以使酒的味道变得清新了。事实上，我敢打赌，对于干马天尼来说，多余的柠檬比摇酒壶摇和的破坏力要大得多。

马天尼改进版

对马天尼这样的鸡尾酒进行改动，就像拿签字笔在蒙娜丽莎这幅画上乱画一样。马天尼既简单又完美，为什么要破坏它呢？那么，我要说因为我可以，而且我改动过的马天尼也一定不会让人觉得单调无聊。不破不立，让我们把它做到更好吧！

干马天尼的主要功能是开胃，因此我想如果对它做一些积极的改动应该是一个不错的出发点。开胃酒的定义是"在正餐前饮用的能够刺激食欲的酒精饮料"。许许多多不同种类的开胃酒其实都是起着同样的作用。意大利的阿玛里草本利口酒和苦味开胃酒因为可以引起食欲，刺激唾液腺分泌唾液而闻名。唾液可以把食物的风味带到味觉器官，

使口中的食物保持湿润，也是消化的第一阶段。唾液的分泌也会刺激胃产生消化液，用来消化后期进入胃部的食物和饮料。餐前喝一杯好的开胃酒，对消化过程会起到很显著的促进作用。

考虑到以上说的这些，我想马天尼还是有值得改动的地方的，因为尽管马天尼有着和谐的口感和完美的香气，但它含有的苦精和其他刺激唾液分泌的成分的量还不够多。

要取得苦精非常容易：许多常见的材料中都有很强烈的苦味。唯一的问题就是，丁香、小豆蔻和八角中还含有非常强烈的香味，这种香味会破坏马天尼的微妙的精髓。如果我要在酒里加入一些苦味，那么它一定要能够突显出非常清淡的苦味，能够与整杯酒融为一体。人们为了寻找这种苦味伤透脑筋，但这种材料其实就在我们的鼻子底下：苦艾。

"味美思"（vermouth）一词其实是来自德语中的"苦艾酒"（wermut），因在一众材料中，只有味美思中含有苦艾。苦艾是一种

马天尼改进版

◆

催涎剂浸渍液
100 毫升添加利十号金酒 • 2 克新鲜的姜，捣碎 • 1 克辣椒粉
1 克蓝鸢尾粉 • 1 克苹果酸 • 0.2 克苦艾叶

•

把以上所有材料放入玻璃罐中，密封浸渍 2 周。

马天尼改进版
50 毫升添加利十号金酒 • 15 毫升马天尼特干味美思 • 5 毫升催涎剂浸渍液
2 滴柚子苦精 • 1 颗橄榄，装饰用

•

把所有材料混合后，加入冰块搅拌，然后过滤到冷却过的碟形杯中，放上橄榄进行装饰。

◆

多年生灌木，是很有名的调味品。大量食用会引起中毒，但是低浓度的苦艾只会产生轻微的苦味。现今，味美思的使用就更加安全了，常见品牌的味美思都很难尝出苦味了。我打算往我的超级干马天尼中加入一些苦艾。

有一类食品被称为催涎剂，可以刺激唾液以及胃消化液的分泌，常见的催涎剂有姜、蓝鸢尾和辣椒。（如果你不相信我，可以在自己的舌头上放一些辣椒，你就会发现在接下来的几分钟里，你会不停地咽口水！）如果在马天尼里加入几种味美思中含有的植物成分，也可能会刺激口腔分泌更多的唾液。

所以我的计划是选择一些能够为消化系统做预备工作的植物，然后制作一份天然植物浸渍液。

内格罗尼

25 毫升添加利十号金酒

25 毫升金巴利

25 毫升马天尼红威沫酒

1 片柠檬（或者柚子），装饰用

把所有材料混合后，加入冰块搅拌 60 秒，然后过滤倒入盛有冰块（或者用大块的手敲冰块）的古典杯中。最后用一片柠檬点缀。

如果你问一个调酒师他最喜欢的酒是什么，他可能会跟你拐弯抹角兜兜圈子，每次说的都不一样，或者简单告诉你"我最喜欢啤酒"。但是如果你再问他你第二喜欢什么酒，他们很可能会告诉你，是内格罗尼！

这是一种巧妙结合植物的香气，又达到甘苦平衡的酒，能让人上瘾，当你仰起脖子一饮而尽，会觉得喝到这杯酒真是不虚此行。金酒是内格罗尼的酒精来源，并且带来干涩的口感和泥土的芳香。味美思起到一些稀释作用，还增加一些甜味和恰到好处的植物香气。最后，金巴利带来了苦橙中强烈而刺激的香料气味，还有甜度刚好的糖分。

人们普遍接受的内格罗尼的起源要追溯 20 世纪 20 年代的佛罗伦萨，当时有一个人名叫康特·卡米里奥·内格罗尼，他点了一杯美国佬（金巴利、意大利味美思和苏打水），但是要用金酒代替苏打水。真相其实比这还要模糊，也存在一些争论，事实上这种争论非常激烈，内格罗尼家族的人以及意大利的历史学家都被卷入了这场争论中。我对此的理解来自卢卡·皮奇在 2002 年出版的《追赶伯爵》一书，书中罗列出大量的

历史资料，显示这款酒的命名是因为一个叫 [深吸一口气] 卡米里奥·路易吉·曼弗雷多·玛利亚·内格罗尼的人，他在卡索尼咖啡馆让弗斯科·斯卡瑟利，也就是咖啡馆里的调酒师，给他用金酒调一杯美国佬。这件事大约发生在 1919 年或 1920 年。有一封信可以证明这个故事的真实性，1920 年 10 月 13 日，内格罗尼收到了一封来自弗朗西斯·哈珀从伦敦写给他的信 [显然当时内格罗尼是生病了]，信中是这样说的："你说你能抽烟喝酒了，我高兴地哈哈大笑，就像往常一样。我觉得你没有那么可怜！你那天喝的内格罗尼一定不下 20 杯！"很显然这位伯爵很喜欢这款属于他自己的酒。

尽管历史上的记载并不十分明晰，但是调制内格罗尼却是非常简单的。你可能喜欢多放一些金酒，或者干脆不放金巴利，但是上面的这份酒谱是被大众所公认的正确的酒谱。装饰物对于这款酒的影响很大——比较常见的是用一块扭拧橙皮卷，但是我也喜欢用柚子皮卷，也曾经用过黄瓜片。在美国，人们经常用马天尼杯来盛内格罗尼，但是在欧洲，我们还是用古典杯来盛内格罗尼。

游乐场内格罗尼

我必须承认这款酒的一部分灵感来源于我的朋友给我调的一杯鸡尾酒，他的名字叫保罗·特瓦罗，来自伦敦肖迪奇的波西米亚休闲吧。保罗创作了一款独一无二的酒，用到了经典的金巴利和苏打水，在杯子里倒入苏打水，然后往苏打水里放了一根金巴利棉花糖。他让我在喝苏打水的时候吃棉花糖，结果我感受到了非常强烈的苦甜参半的味觉冲击，这种味觉冲击又被苏打水的气泡中和了，真是太有才了！

这杯酒让我思考了一个问题，如果把鸡尾酒的"所有乐趣"都进行一次再创作，那该有多酷啊。常规的内格罗尼有 3 种材料，如果把这 3 种材料重新解构，经过其他可食用的处理办法处理后，再重新组合在一起，那会变成终极的游乐体验吧。有不少的事情要做呢，我们开始吧！

首先我需要用糖来制作金巴利棉花糖。把糖加热后旋转起来，直到液体从小孔中呈丝状喷射出来，这些糖丝十分稳定结实，因此可以缠在一起形成一大团质感像棉花和羊毛一样的糖。其实金巴利中的含糖量很高，大约是 22%，我们就是用这些糖分来制作棉花糖。

在制作金巴利棉花糖的时候，我先把一瓶金巴利缓缓地倒入平底锅里，并且加入 10 滴粉红色的食用色素，然后用很低的温度加热 3 个小时，尽可能使水分和酒精都蒸发掉。在锅里跟糖分一起被留下的还有香气和最关键的苦味，而最终我得到的是像蜂蜜一样浓稠的糖浆。

我把糖浆倒在一层油纸上，然后放入低温烤箱或者脱水机中烘干 8 小时。差不多每隔一小时我就会把糖掰成小块，保证每个面都能接触到适量的热空气，最后我得到的是一盘非常苦的像水晶一样的糖。我在棉花糖机里加入一匙金巴利糖，然后照着机器的说明，做出一根金巴利棉花糖。

然后我打算分别制作金酒棉花糖和味美思棉花糖。最终制成的是经典的色彩鲜明的粉白相间的软糖，只不过是金酒味和味美思味的罢了！棉花糖基本上就是一种凝胶状的调和蛋白，制作起来相当容易。因为我用的是吉利丁，所以即使含有一些酒精，我做出的棉花糖也比较稳定。

制作金酒棉花糖，首先在平底锅中放入 225 克细砂糖，再倒入 5 毫升液态葡萄糖和 50 毫升水，然后把混合物加热到 127℃，加热的时候一定要用测温仪或者糖果温度计测出精确的温度。我还放入了 5 片预先在水中浸泡软化的吉利丁片，然后搅拌至融化。

在碗里打入一个蛋白，并用电动打蛋器打到干性发泡，然后一边搅拌一边倒入热的糖混合物中，再加入 35 毫升添加利十号金酒。我继续打了 3 分钟直到混合物变得光滑而稳定——空气含量越高，做出来的棉花糖就越轻。等到混合物变硬，就可以倒入模具中（比如面包盘），倒入之前需要先往模具上抹一层油，然后撒上细砂糖和玉米淀粉，两种糖的比例各占 50%。凝胶状的混合物需要在模具中静置 1~2 个小时，待凝固脱模，然后用加热过的刀切成方块。

我用同样的方法、同样的材料和比例来制作味美思棉花糖，只是把 50 毫升水和添加利十号金酒换成了 100 毫升的马天尼红威

沫酒。

　　我还打算用味美思味的跳跳糖来做装饰。你可能还记得在糖果店买过跳跳糖吧。跳跳糖看起来很像糖，但是当你把它放进嘴里的时候，它就开始在舌头上产生气泡并且炸裂，给人带来惊奇而又紧张的感觉。制作跳跳糖的过程是受专利保护的，而且有危险性，当我知道这一点的时候真的吃了一惊。而我的版本就简单多了，而且与其说我做的是跳跳糖，我觉得它更像是气泡糖。

　　制作气泡糖，首先要在一张烘焙纸上撒上一些糖和 30 克苹果酸粉。

　　在平底锅中倒入 260 克白砂糖，60 克葡萄糖浆（或者玉米糖浆），2 滴红色食用色素，还有 15 毫升浓缩马天尼红威沫酒。这个浓缩的马天尼红威沫酒是我在炉子上微微加热 4 个小时才得到的。

　　用测温仪测试加热温度，使混合物加热到 150℃，并且保持流动，这样就不会在锅里结晶了。达到加热温度后，从火上移开，并放入 5 克小苏打迅速搅拌至融化。迅速将糖的混合物倒入烘焙模具中，在上面均匀撒

上 30 克苹果酸粉。把糖静置放凉后敲碎，这样看起来就像跳跳糖一样。

　　最后一种但同样也很重要，我打算最后做一个金酒口味的冰淇淋，并且在上面撒上金巴利糖（跟做棉花糖一样）。

　　在平底锅中倒入 500 毫升全脂牛奶，加入 4 克杜松子，并加热到 65℃，然后把牛奶倒出来，滤出杜松子。

　　在立式搅拌器中加入 120 克蛋黄，150 克糖和 5 克褐藻酸钠（也可以不放，不过褐藻酸钠可以增加冰淇淋的硬度），打发 5 分钟，然后一边搅拌一边倒入杜松子浸渍过的热牛奶。等到搅拌均匀之后，把混合物倒入平底锅加热到 70℃，保持 10 分钟，这样可以达到杀菌的目的。关火后静置放凉，至少放置 12 个小时，然后放入冰箱冷藏。

　　待冰淇淋液冷却后，加入 350 克酸奶油和 100 毫升金酒，然后开始冷冻，用冰淇淋机、液氮或者干冰都可以。

　　客人来的时候，我就可以很简单地把所有的东西都组合在一起端上桌就行了！

飞行

我能找到的最早关于飞行鸡尾酒的记载是在雨果·R.艾思林于1916年出版的《混合饮料食谱》一书中。这个时间貌似恰好处于航空飞行技术的黄金时代。现代的商业化航空旅行已经十分常见了，所以人们几乎忘记了当时飞行员这个职业在全世界范围内都像摇滚明星一样红。当时传奇飞行员霍华德·休斯正穿着短裤在飞机上，要知道19世纪的飞行员就仅仅戴一对护目镜，点一根香烟，然后下定决心，就飞上天空挑战地心引力了。

在他们的概念中，无论是鸡尾酒的材料还是名字，始终都是对他们那个时代的潮流、时尚和标志性事物的一种反映（边车、玛丽·皮克福特和燃烧的兰博基尼都是这样的例子），因此当时产生了以飞行员这种崇高的职业命名的鸡尾酒，这真的一点也不意外。与其他鸡尾酒的意义不同，这款酒里含有金酒，而金酒也正是飞行员们平时最喜欢的烈酒，甚至连酒的颜色也是清晨蓝天的颜色。除此之外，我觉得这款酒的味道简直绝了，在酸酒的排行中名列前茅。

我第一次尝试这款酒的时候，人们还普遍认为飞行酒属于用黑樱桃利口酒代替糖的酸金酒，对吧？这份酒谱是摘自哈利·克拉多克在1930年出版的《萨沃伊的鸡尾酒》一书中。毫无疑问，这是飞行鸡尾酒的其中一个版本，但却不是最原始的版本，也不是最好的版本。

为了找到原始版本的飞行酒，我们还要把时间追溯到1916年，看看刚刚开头提到过的艾思林写的《混合饮料食谱》。在这本书中，我们可以找到最原始的飞行酒酒谱。原始酒谱用的黑樱桃利口酒比萨沃伊版本用得少，而且还有另外一种材料——紫罗兰利口酒。顾名思义，紫罗兰利口酒具有紫罗兰花的风味，喝起来就像你小时候吮吸的那种小小的蓝色糖果一样，有着花的芳香和甜美，味道十分特别。但这绝不是这款酒的主要风味——如果你放了太多紫罗兰利口酒，那这

50 毫升添加利十号金酒

25 毫升鲜柠檬汁

5 毫升黑樱桃利口酒

5 毫升紫罗兰利口酒

·

把所有材料放在一起摇和均匀，然后过滤到冷却过的碟形杯中。这款酒没有装饰物，但是你也可以选择一些与你的国家相关的装饰物致以敬意。

杯酒的味道就糟透了，喝起来就像老奶奶炖的大杂烩，或者像一颗花香味的袭击炸弹。只要用滴瓶甩一两滴就够了，只是起调味的作用，这样就能调出美妙的花香味，这才是飞行酒应该有的味道。

女飞行员

我想首先我应该先解释一下这款酒的名字。阿米莉亚·埃尔哈特是第一个被授予女飞行员头衔的女性，某种程度上是因为她在1920年成功飞跃了大西洋。我觉得这款酒以这位女飞行员的名字命名非常合适，因为它的许多特质都与女性非常契合。

一杯飞行员鸡尾酒的优劣很大程度上取决于紫罗兰利口酒的品质。过去一段时间里，所有人调飞行员酒时都省略了紫罗兰利口酒，其中一个最主要的原因是，当时没有人生产紫罗兰利口酒了。而现在，能买到的紫罗兰利口酒的品牌就有半打子，其中有些品牌还是非常好的（我最喜欢的两个牌子是

Bitter Truth 和 Briottet）。

当然，你也可以用真正的紫罗兰花亲自制作紫罗兰利口酒，这样可以得到最天然的紫罗兰风味，这也是用紫罗兰花自制紫罗兰利口酒最大的好处。自制紫罗兰利口酒和有机合成的紫罗兰香精的差别很大。我也曾尝试过自制花香利口酒，但其实花是很难处理的，因为花朵十分精致，而花的香气又非常容易挥发——这也是为什么花朵闻起来这么香的原因！任何形式的加热都会对花朵造成不可逆转的损坏，因此我使用了冷浸法，把紫罗兰花浸渍在金酒里。当然你也可以试一试氮气空化法或者真空低温浸渍法（见第29页至第30页）。

除了我自制的完美的紫罗兰利口酒之外，我打算或多或少地在女飞行员酒中留一些飞行酒的韵味。但是我在另一个方面做了独创性的设计，把可视的香雾与鸡尾酒结合在一起。

几年前，我参加了一个关于香水历史

的研讨会，那个研讨会是由一个名叫奥德特·特瓦利特的人举办的，说真的我觉得那可能不是她的真名。那个研讨会以香水为媒介，纵观过去的 100 年香水的发展。就像鸡尾酒一样，那些能够吸引我们的气味总会随着时间的推移而慢慢发生变化。在 20 世纪 20 年代，薰衣草的香气非常流行，但是到了 30 年代时就显得"太过时了"。在 20 世纪 20 年代，飞行员酒是一个热门话题，在那个时代"机舱里那些光鲜亮丽的男人"简直就是超级明星——男人们想要成为飞行员，女人们想要跟飞行员在一起。香水店马上就反应过来了，开始主推这种类型的香水。这类香水通过粗糙的皮草味、烟草味甚至是一点点机油或者汽油的味道来展示独有的特质。这听起来好像不怎么好闻，但是把它们与传统的香气搭配起来之后，确实非常吸引人。

克尼泽十（Knize Ten）就是这种具有阳刚之气的香水。它的香味偏干，像皮革一样，闻起来带有麝香味的暗香，其中还有粗糙的绳子味、烧焦的橡胶味以及干草味。这种香水闻起来就好像你正在为了冲锋陷阵而整装待发（随便什么故事吧）。我就打算用这种香水作为香雾，跟我的鸡尾酒搭配在一起。让我们一起起飞吧！

女飞行员酒

紫罗兰利口酒
700 毫升添加利十号金酒

10 克紫罗兰花朵

2 克紫罗兰叶子

2 克玫瑰花瓣

0.2 克香草籽

400 克糖

把除了糖之外的所有材料在玻璃罐中混合在一起，在室温下浸渍 10 天以上，制作成紫罗兰利口酒。

•

取 200 毫升浸渍液，放在平底锅中加热，然后放入糖。待糖完全融化后，把做好的糖浆倒入余下的紫罗兰浸渍液中。把紫罗兰利口酒放入冰箱存放 6 个月。

女飞行员酒
5 毫升紫罗兰利口酒

50 毫升添加利十号金酒

20 毫升鲜柠檬汁

5 毫升黑樱桃利口酒

1 克清蛋白（蛋白粉）

把所有材料混合在一起，放入冰块后摇和，然后过滤到冷却过的碟形杯中。

克尼泽十雾
2 克克尼泽十 · 100 毫升热水

干冰

•

把克尼泽十和热水混合在一起，然后倒在干冰上。

马丁内斯

　　这可以说是爷爷辈儿的金酒鸡尾酒了，也是 19 世纪的深色烈酒鸡尾酒和 20 世纪初期以金酒为主的鸡尾酒的连接纽带。马丁内斯是金酒、味美思和苦精的混合物，通常会加一点黑樱桃利口酒或者库拉索利口酒。如果你觉得这样说太模糊了，那是因为这款酒本来就是一款很模糊的酒，我刚刚说的内容是我们唯一可以肯定的信息！实际上马丁内斯酒的酒谱随着时间的推移，变化非常大，但是也正是由于这种不确定性让马丁内斯酒有着特别的魅力——每次我喝这种酒的时候都在想，我喝的到底是不是马丁内斯，还是只是另一种变化的版本。

　　我们可以确定的第一件事就是马丁内斯和马天尼看起来就像是兄弟俩。这两种酒都产生于 19 世纪，关于干马天尼的第一份资料就与马丁内斯的十分相似。

　　在鸡尾酒书籍中第一次出现关于马丁内斯的记载，是在 O.H. 拜伦在 1884 年出版的《现代调酒师指南》一书中。拜伦在书中对马丁内斯酒的描述很含糊："跟曼哈顿一样，只能用金酒来替代威士忌"，但是拜伦在书中列出了两种不同的曼哈顿酒谱，而且没有注明调制马丁内斯的时候应该根据哪一份曼哈顿酒谱，这就麻烦了。书中记录的两份曼哈顿酒谱一份用了甜味美思，另一份用了干味美思，除此之外完全一样，而这一不同之处就把我们引向了问题的关键。

　　马丁内斯到底应该用甜味美思还是干味美思呢？这两种鸡尾酒的差别还是很大的：干味美思可以调出非常好喝的干鸡尾酒，而用了甜味美思的马丁内斯显得十分粗犷，就像威士忌和红酒在酒杯里打仗一样。

　　在我们讨论下一份资料的时候，还要思考上面那个问题，看看是否能够找到更明确的答案。杰瑞·托马斯在 1887 年出版的《美食达人指南》修订版中列出的马丁内斯酒谱是这样的：

用滴瓶甩 1 滴博克苦精（Boker´s Bitters），

---

50 毫升添加利十号金酒

25 毫升马天尼红威沫酒

5 毫升黑樱桃利口酒

用滴瓶甩 3 滴亚当埃尔梅拉格博士的博克苦精（Dr. Adam Elmegirab's Boker's Bitters）

1 块扭拧橙皮卷或柠檬皮卷，或者 1 颗樱桃，装饰用

•

把所有材料放在一起，并放入冰块搅拌 75 秒，然后过滤到一个冷却过的碟形杯中，根据喜好放上装饰物。

---

2 次黑樱桃利口酒，30 毫升老汤姆金酒，1 酒杯味美思，2 小块冰块

把所有材料充分摇和后，过滤到一个大鸡尾酒杯中，最后在杯中放入 1/4 片柠檬片。客人如果喜欢偏甜的口味，可以用滴瓶甩 2 滴树胶糖浆放入鸡尾酒中。

不可思议吧，这份马丁内斯的酒谱中对于味美思的描述也这么模糊，完全任由你自己想象。幸运的是，我们知道在 19 世纪后期的美国，意大利（甜味）味美思要比法国（干）味美思更常见，更普遍。这种鸡尾酒也是用摇和的手法调制的，虽然与现代马丁内斯的调制手法不同，但是这也不是太大的问题。

在第三份资料（1896 年出版的《斯图尔特的奇幻饮料》）和第四份资料（1905 年出版的《现代烹饪与家常食谱图书馆》）中的描述仍然很模糊——第三份酒谱干脆直接从 O.H. 拜伦的书里抄来了，而第四份是从杰瑞·托马斯的书里抄袭的。

马丁内斯的酒谱在历史资料中大约有 10 年的空档期，而禁酒令时期的鸡尾酒书籍中又开始列出这种酒的酒谱。但是这次的转变明显突出了干味美思，并且对金酒表现出了极大的偏爱之情。总而言之，这些信息都传达出了马丁内斯朝干马天尼方向发展的趋势。

关于我们现在喝的马丁内斯，其实并没有明确的证据来佐证它的正确性。我在这里列出的马丁内斯酒谱也只是我个人最喜欢的马丁内斯的版本。就像原始酒谱记载的那样，它的基础其实是甜曼哈顿。尽情地发挥你的想象力吧，你可以把金酒和味美思酒来个大反转，也可以试试干味美思，或者换一种苦精，如果你喜欢的话，甚至可以在杯子里插一个小伞来做点缀！

橡木桶陈化马丁内斯

陈化鸡尾酒并不是新鲜事物。现在人们把酒放在橡木桶里，让酒醇化后再出售——

通常都是明码标价的——人们通常觉得这种做法好像是近年来才发明的，其实把烈酒和鸡尾酒放在木桶中陈化的历史是非常悠久的。（要了解更多关于酒品陈化的资料，请看第 51 页至第 53 页。）

有些聪明人想到了把调制完成的鸡尾酒进行陈化说不定也会很有意思，这一点也不稀奇。用橡木桶来进一步陈化调制好的酒，这看起来似乎有些奇怪——就像沏好了一杯咖啡，又把它放进茶包里一样——但是要是不尝试一下总觉得留有遗憾不是吗？到了 20 世纪以后，瓶装饮料风靡一时，无论是瓶装鸡尾酒还是瓶装苏打水都非常流行。Heublein 公司在 1906 年开始出售"木桶陈化"鸡尾酒，并以此作为卖点进行宣传，一直持续到 20 世纪 30 年代。他们在 1906 年 7 月刊登在剧院杂志上的一则广告是这样写的：

这是一款时刻为你和你的客人准备好的美味的鸡尾酒——任何靠臆想的方法调制的鸡尾酒都不能与它媲美。俱乐部鸡尾酒是把精致而又经典的酒按照科学的方法进行搅拌，并存放于木桶中进行陈化，因此具有精致的香气和顺滑的口感。

看起来，当时这款"俱乐部鸡尾酒"一定是非常流行的，当然还有一些我们耳熟能详的名字，比如马天尼和曼哈顿。

既然马丁内斯跟马天尼和曼哈顿之间有一些共同之处——我觉得马丁内斯就是马天尼和曼哈顿之间失掉的一环——我觉得马丁内斯是做陈化鸡尾酒的最佳选择。我并不是反对把含有陈化成分的鸡尾酒再次陈化——比方说曼哈顿或者罗布罗伊——我只是觉得把不含陈化成分的鸡尾酒进行陈化有着更大的乐趣。

橡木桶陈化马丁内斯

◆

2 升添加利伦敦干金酒
2.5 升马天尼红威沫酒
1 升水
100 毫升黑樱桃利口酒
100 毫升库拉索利口酒
10 毫升亚当埃尔梅拉格博士的博克苦精

•

这大概是 40 份的量（如果木桶比较小，材料用量可以成比例减少，但是陈化时间需要缩短。）

•

把以上所有材料放入一个 8 升或 10 升的半烘烤欧式橡木桶中（我个人比较喜欢欧式橡木桶的颜色和香味，我觉得比美式橡木桶更好）。最佳的陈化时间应该根据具体的贮存橡木桶的条件而定。最好是放在那种一天之中存在温差的地方（温度有上升和下降的变化），这样可以使木桶充分热胀冷缩，从而加快陈化的过程。也可以用木桶箍来模拟这种过程（用于自酿酒）。时常旋转木桶或者摇和木桶可以帮助物质之间的相互作用。

•

定期品尝，并且留存一些样品，每周做一次对比。一旦你认为酒已经达到理想的效果，就要取出所有的酒。我的预期陈化时间是 3~6 周。记住一定不要过度陈化——金酒、库拉索利口酒和红酒都带有木桶的橡木特质，但又不失原味与风范。

•

上酒时，先放入冰块搅拌 30 秒，然后过滤到冷却过的碟形杯里。

◆

珀尔鸡尾酒

1 升苦精（英国麦芽啤酒）• 200 毫升亨利爵士金酒

150 克精制白砂糖 • 50 克蜂蜜

5 克阿马里洛啤酒花（也可用其他啤酒花代替）• 2 克干苦艾叶

3 颗丁香 • 1 根 15 厘米长的肉桂条 • 1 块柚子皮调味

•

以上酒谱为 6 人份

•

把所有材料放入平底锅中，缓慢加热到 70℃ 左右，但是不要让酒沸腾，盖好锅盖，最后用
勺舀到耐热杯中上酒。

珀尔鸡尾酒与我的心非常贴近。毕竟，这是我开的第一间酒吧的名字！

我的同事托马斯·艾斯克为我们的酒吧想出了珀尔这个名字——当时，我对给酒吧起什么名字完全没有主意。那时候托马斯正在读查尔斯·狄更斯的《博兹札记》，那是一本记载维多利亚时代伦敦生活的短故事集。其中有一部分是这样描写伦敦人离开剧院的情形的：

1 点钟了！从各个剧场散了的人群踩着泥泞的小路……回到各自的供水站休息，用烟斗和珀尔酒这聊以慰藉。

我做了进一步研究，发现狄更斯在《老古玩店》一书中，也有关于珀尔酒的描述：

现在，他回来了，那个来自小酒馆的男孩儿跟着他一起回来了。这个男孩儿一只手里拿着一片面包和牛肉，另一只手里拎着一个大壶，壶里的东西非常香醇，散发出宜人的蒸汽。事实上那是一壶用特殊酒谱制成的上好的珀尔酒。

尽管我们知道的非常少，但是珀尔酒应该是在狄更斯的时代之前就已经有很长的历史了。事实上，甚至当追溯到 17 世纪时，塞缪尔·皮普斯也曾在他著名的日记合集中提到过珀尔鸡尾酒。在日记中他这样写道：从那之后，哈珀先生就经常痛饮珀尔酒……

所以，珀尔酒到底是怎样的呢？珀尔是一种最适合在寒冬里喝的温热的提神酒，能够让酒吧的氛围变得优雅起来。精选的香料和植物与麦芽啤酒、苦艾酒以及金酒的植物芳香结合在一起，变成了一种美味的混合饮料——类似加香料的热葡萄酒。

为了调制出与我们的酒吧同名的鸡尾酒，我们基于一些虚构的小说和其他文本资料，试过许多不同的酒谱。但是我不得不承认，尽管经过了许多天的研究，我却从未真正确定出珀尔酒的酒谱，一份也没有。我还在寻找，所以说上面的酒谱其实是我自己探索的结果，用我的方式把材料混合在一起，用我的方式选定了最佳的与啤酒和金酒搭配的香料。我唯一能确定的一点就是，珀尔酒里一定含有啤酒、金酒和苦艾酒——如果你想一想就会发现，它就是马天尼鸡尾酒家族中的一员。

皇家珀尔浓缩酒块

我很爱把鸡尾酒用一种新奇有趣的方式呈现给大家。下面我要介绍一种方式，能够让你的朋友或客人在品尝鸡尾酒时，体会到一种仪式感，并且发现一些非常特别的东西。

我的灵感来自于普通的固体浓汤料。从本质上来说，固体浓汤料其实就是把干燥的材料浓缩在一起，做成啫喱状的固体。当固体浓汤料被浇上热水的时候，就会融化（啫喱状的）或者溶解/乳化（干燥的固体）。如果人们可以把盐、肉还有蔬菜的风味都浓缩在一块小小的啫喱里，那为什么不能把鸡尾酒也做成浓缩酒块呢？这样做的好处还是显而易见的：想象一下，制作100块浓缩酒块，只要浇些热水就能马上做出美味的鸡尾酒！只要几个小时，你就可以做出足够你喝上一冬天的鸡尾酒了！

我知道你在想什么——酒精怎么处理呢？不用担心，只要选择合适的胶凝剂（见第32页至第35页），就可能把几乎所有的酒精成分都锁在浓缩酒块中，但是这个过程可不简单。想要用浓缩酒块做成一杯"标准"的珀尔酒，我需要把浓缩物中的水分全部去除，尽可能多地保留鸡尾酒的风味，并且不能使酒精流失。学习科学的时间到啦……

吉利丁啫喱能够很好地保存酒精，只有在酒精度超过40%的时候才会散掉（这就是为什么制作酒精"果冻"这么简单了）。只要进行简单的计算，就可以得知我的珀尔鸡尾酒浓缩酒块需要做成多大尺寸，需要有多高的酒精含量了。

假设调制好的鸡尾酒一杯有180毫升，一杯典型的珀尔酒的酒精度大约为10%，浓缩酒块可保持稳定的最高酒精度是35%。因此，要调出一杯酒精度为10%的180毫升的鸡尾酒，我需要一块50毫升的酒精度为35%的浓缩酒块和130毫升的水。

金酒在一杯珀尔酒中的占比大约为15%，而啤酒大约占75%，另外10%则是糖和各种风味剂。现在，我需要想办法让风味剂、酒精和水在浓缩酒块中达到同样的比例。要达到这个目的，唯一的方法就是使用浓缩的麦芽汁（啤酒）。浓缩酒块中70%以上的成分都是金酒，这样才能维持必要的酒精度，20%的成分是糖，只有10%的比例是啤酒的风味。从自家酿酒商店和网上商城可以买到许多种类的麦芽糖浆和麦芽浓缩汁，有些会非常甜，但是由于用量很小，我认为它的甜度不会对鸡尾酒的甜度有太大的影响。

然后开始制作浓缩酒块（这个方子大约能做出40块）。取一个大罐子，倒入1升添加利马六甲金酒，100克大麦芽糖浆，70毫升苹果汁，150克蜂蜜，150克细砂糖，15克柚子皮，2克干苦艾叶，1克丁香（大约是5颗），还有2毫升安格斯特拉苦精（Angostura bitters），把所有的材料混合好，静置48小时，然后把混合液过滤，倒入平底锅中。

取25克吉利丁片，放入冷水中浸泡，然后加入混合液中，把混合液缓慢加热到60℃，并充分搅拌至所有的成分都完全溶解。关火放凉后，倒入50毫升的模具中，放入冰箱冷藏5个小时，使其凝固。

调酒时我在茶杯里放入一片金箔后，把浓缩酒块放金箔上，再放一片脱水橙子、一根肉桂皮和一些杜松子，浇上热水就行了。

新加坡司令

---◆---

35 毫升添加利十号金酒 · 15 毫升希零樱桃利口酒 · 5 毫升法国当酒
15 毫升鲜柠檬汁 · 用滴瓶甩 2 滴安格斯特拉苦精 · 少量苏打
1 片柠檬，装饰用

·

把所有材料放入一个冷却过的高球杯（或者司令杯）中，并放入冰块，然后快速搅拌，搅拌均匀后放入一点苏打。最后用一片柠檬装饰。

---◆---

我的一位新加坡华人朋友发现了一件非常有趣的事，世界上最难喝的新加坡司令酒就在新加坡。确实，全世界很多人都把新加坡司令归类为最不喜欢的鸡尾酒——简直是用利口酒、菠萝汁和有毒的红色糖浆把金酒给糟蹋了。当然，很多人唯一一次品尝新加坡司令恐怕是在新加坡的机场，或者是刚满18 岁的时候在花式鸡尾酒酒吧里。我个人认为，最棒的新加坡司令应该是一款均衡感比较好，用甜味中和了干涩的口感、清爽提神的鸡尾酒。让我们深入探讨一番吧。

这款酒的起源可以追溯到 1900—1920年（我知道这样说时间显得很宽泛）的莱佛士酒店的长廊酒吧，其中有一位来自中国海南的名叫严崇文的调酒师。莱佛士酒店在他们的长廊酒吧鸡尾酒单上写着这样一句话：

最初，新加坡司令是一款专门针对女性的鸡尾酒，因此特意制成诱人的粉红色。现在，显然所有人都喜欢这款酒，来到莱佛士酒店，如果不品尝新加坡司令，那么这趟旅程就算不上圆满。

至少在 100 年前，就有人把"司令"这个词用在混合饮料上了，但是在新加坡能查阅到的最早关于"司令"的资料是在 1903年 10 月 2 日的《海峡时报》，有一篇关于庆祝驯马师"艾伯拉姆斯爸爸"去往澳大利亚的航行的报道，报道中提到庆祝活动的酒单中有"为白人提供气泡酒和粉色司令酒"。

现在，尽管知道了早期的新加坡司令是粉红色的，我们还是很难明确当时的酒谱到底是怎样的。我们可以确定的是里面肯定有金酒、柠檬汁、苏打水还有冰块，大概还含有苦精，很有可能含有樱桃白兰地，还有可能加了一点法国当酒。我做出以上推论的主要依据是罗伯特·沃米尔在 1922 年出版的《鸡尾酒及其调制方法》一书中的"海峡司令"酒谱：

这款著名的新加坡饮品需要放入冰块，并彻底摇匀，主要包含：

用滴瓶甩 2 滴橙味苦精
用滴瓶甩 2 滴安格斯特拉苦精
半个柠檬的柠檬汁
1/8 及耳（英制 1 及耳 =0.1421 升）修士酒
1/8 及耳干樱桃白兰地 / 1/2 及耳金酒

把所有的材料倒入平底玻璃杯中，然后注满冷却的苏打水。

也许新加坡司令原本就叫海峡司令，有没有这个可能呢？也许因为这种酒在新加坡的莱佛士酒店流行起来了，后来才改成新加坡司令，谁知道呢？

莱佛士酒店承认他们在 20 世纪 50 年代丢失了新加坡司令的原始酒谱，而现在供应的新加坡司令是严崇文的侄子根据原始酒谱发展而来的。考虑到现在的新加坡司令酒谱和 1922 年的沃米尔的版本非常相似，有可能是严崇文的侄子直接用了他能找到的最早的酒谱。

迪斯科司令

出于对新加坡司令的纠结，我不打算改动它的成分，只对它做了一些小小的改动。我要做的是把装饰方式变一变，目的是要表现出一种 20 世纪 80 年代迪斯科的炫丽。

20 世纪 80 年代的鸡尾酒装饰从平淡的鸡尾酒小伞，充满异国情调的水果，到傻傻的吸管和粗糙的玻璃杯，应有尽有。所以，我打算在我的改版中用一些更荒诞的元素。当然，圆形的柑橘片是经典的装饰品"雷区"。在你的酒杯边上插一片柠檬片，这杯酒瞬间就能掉价 20%。不过我有一个主意，可以进一步处理柑橘片，为这杯饮品打造一个更正宗的形象。

大约在 3 年前，我得知有一种叫作转谷氨酰胺酶的物质——你可能对于它的俗名更为熟悉，就是黏肉胶。黏肉胶在食品生产行业被普遍来把肉制品制成棒形、球形或者字母形状。有些人质疑这种食品的质量问题，但其实转谷氨酰胺酶是一种天然无味的生物酶，跟吉利丁（吉利丁是从骨胶原中提炼出来的，是一种蛋白质）一样没有什么危害性或者道德上的问题。它的作用是使蛋白质的键连接起来形成牢固的蛋白链，就像肉原本就是那个样子的。

所以你可能会好奇我说这些到底是要干什么——"你肯定不是要把粘好的肉放在鸡尾酒里吧？！"既然转谷氨酰胺酶只会对含有蛋白质的物质起作用（肉类、鱼类、乳制品），那么我们可以先把蔬菜和水果用吉利丁浸泡，然后再使用转谷氨酰胺酶。

其实我要做的事是制作一款柑橘类的复合水果——由相同大小的柠檬、青柠和橙子组成。相比在水果中注射吉利丁的方法，我这次的制作过程更复杂一些，但是当你看到它的视觉效果就会觉得这些麻烦都是值得的。

迪斯科司令

◆

柑橘类复合水果圆片
1 份柠檬、1 份橙子和 1 份青柠
所有的水果都尽量保持相同的分量大小
12 克吉利丁
300 毫升水
大约 5 克转谷氨酰胺酶

把吉利丁放入水中浸泡 5 分钟。把水加热至至少 65℃，使吉利丁溶解，然后倒入小碗中静置冷却。

把水果沿纵向切成 3 块，然后浸泡在吉利丁溶液中。把碗放在真空袋中，抽 3 次真空，使水果尽量吸收吉利丁溶液。

●

把水果从碗中捞出，在水果还湿润的时候撒上转谷氨酰胺酶粉，确保所有的表面上都均匀地覆盖了转谷氨酰胺酶。把楔形的水果重新组合在一起，并使用夹具或塑料包紧紧地固定好，然后放入冰箱冷藏至少 12 个小时。

冷藏凝固后，去除夹具或塑料包，然后把水果切成圆片。

◆

迪斯科司令

35毫升添加利十号金酒

10毫升希零樱桃利口酒

5毫升法国当酒

5毫升鲜柠檬汁

5毫升鲜青柠汁

5毫升鲜橙子汁

5毫升鲜榨菠萝汁

用滴瓶甩2滴安格斯特拉苦精

1片"柑橘类复合水果圆片"，装饰用

黑莓鸡尾酒

40 毫升添加利十号金酒

20 毫升鲜柠檬汁

10 毫升糖浆

15 毫升黑莓利口酒

黑莓（或者树莓）若干，装饰用

把前三种材料倒入冷却好的岩石杯中，加入碎冰，然后浇上黑莓利口酒，使其顺着碎冰的缝隙流下去。最后用两个黑莓和一片柠檬点缀。

注意：根据我个人的口味，这个酒谱偏甜，但是这就是创始人原创的酒谱，我找谁说理去？如果你想要口味偏干一些，可以尝试减掉 5 毫升糖浆，另补 5 毫升柠檬汁。

黑莓鸡尾酒是从 20 世纪 80 年代的鸡尾酒碰撞中兴起的最棒的鸡尾酒之一。这款酒是伦敦调酒界传奇式的领军人物迪克·布拉德赛尔创造出来的。当时，迪克在伦敦的苏活区的弗莱德俱乐部工作，这个俱乐部培养了许多伦敦酒吧中的未来之星。迪克在新加坡司令酒谱的基础上，把法国当酒和樱桃白兰地换成了黑莓利口酒。

当然不是这样简单，这样一款酒谱简单却又享有盛誉的鸡尾酒一定有一些与众不同之处：在酸金酒中放一些黑莓利口酒。为什么不用草莓利口酒，或者咖啡利口酒？我个人认为这款酒的特别之处正是由于材料的巧妙搭配，酒的名字也可以做出巧妙的诠释。

只要你想一想就会发现这其实很简单。

黑莓是一种英国典型的多刺灌木，而金酒也是英国的传统特产。黑莓是黑莓利口酒的基础，但是野生黑莓的味道不仅仅来自黑莓本身，还有乡村那些围绕在黑莓树周围的一切自然的气味——干树皮所具有的泥土的气息，一颗落下的松果所具有的香味，或者野生金银花散发出的甜甜的香气。许多金酒中也包含着这些美妙而怀旧的香气：杜松可以散发出泥土的气息和松香味，芫荽能散发出柑橘的香味，而当归又可以散发出深沉的木香味。

把金酒和黑莓利口酒结合在一起的想法简直就是天才，而这个酒的名字对于鸡尾酒的描述也恰到好处，在英语中恐怕找不到更贴切的名字了。

THE CURIOUS
Mixology Impossible
BARTENDER

黑莓回归

我创作黑莓回归鸡尾酒的目的很简单——把英国的乡村生活融入鸡尾酒中。我希望这款酒可以让人们想起在秋天采摘黑莓的那种感觉，脚踩在森林的土地上发出嘎吱嘎吱的声音，还有那种尝到成熟而又多汁的果子带来的兴奋。

我决定在杯子里同时放上黑莓和树莓，但是我用了两种很梦幻的方式。两种水果都经过特殊的装饰：它们看起来就像精选出来的注满果汁的小球，挤在一起变成了一颗浆果。每颗小球都像一个单独的水果。我打算在这款酒中特意突显这一点。

首先，先捧一把树莓，把树莓分解成一个一个的小球，我们需要用这些小球来装饰鸡尾酒。问题是用小镊子来分解树莓是非常困难的——幸运的是我找到了一个捷径！液氮（见第42页）有许多种妙用，但最好的一种用法就是低温脆化。液氮几乎可以冷冻任何物质，当你用它来冷冻水果的时候，水果中的水分会结冰，变得很脆，就像玻璃一样。你可以用木棍或者锤子把水果敲散，把薄弱的连接处分离开来。像树莓这类水果，那些小球就是由这种薄弱的连接组合在一起的。最后我们就能得到许多像珍珠一样的树莓小球。我们可以用这些树莓小球把鸡尾酒装点得无比惊艳。

至于黑莓（黑醋栗甜酒）的部分，我则通过球化的方法把黑醋栗甜酒做成和树莓小球大小差不多的小球。最终制作好的深色小球看起来跟真正的树莓小球一样，只不过黑莓小球里包裹的是比较烈的黑醋栗甜酒！

要制作黑莓小球，首先用搅拌棒在50毫升的低钙水中溶解1克褐藻酸钠。待褐藻酸钠完全溶解后，混入50毫升黑醋栗甜酒，然后把混合物倒入注射器或者滴瓶中。如果存在气泡，可以把混合液静置1~2个小时，等待气泡消失，否则最后制成的小球会漂浮在氯化钙溶液上面（请看下面）。

要使小球成形，首先在400毫升的水中溶解2克氯化钙，再准备一盆清水备用。用注射器在氯化钙浴中滴入跟树莓小球大小差不多的液滴，注意要一个一个地滴。1分钟之后，把小球从氯化钙浴中过滤出来，并放入清水中清洗。

调制这款酒，我用了50毫升添加利十号金酒，10毫升鲜柠檬汁，7毫升糖浆和5毫升pH值3.0的苹果酸溶液，调好后倒在碎冰上（我选择使用了一些苹果酸，因为黑莓中本身就含有苹果酸，而且苹果酸能带来不同于柠檬酸的清新的味道）。最后用树莓小球和黑莓小球点缀鸡尾酒，并放上一些新鲜的牛至叶，其可带来绝妙而温暖的森林般的香气。

伏特加

可怜的老伏特加，这是一种在东欧和亚洲有着 400 年贸易历史的烈酒，经历了整个 20 世纪。

全球化贸易、体验式消费，以及对威士忌这样的烈酒情有独钟，却又不想在业余时间沾上太重的酒味的嗜酒者都对伏特加很有兴趣。伏特加因其自然中性的气味，以及出色的可调和性，深受现代人的喜爱。伏特加在 20 世纪 50—60 年代，在酒吧的酒柜中占据相当大的比例，而到了 20 世纪 80 年代，伏特加就成了调酒师的宠儿。为什么？因为伏特加几乎可以跟任何东西调和在一起，而且几乎令人无法察觉到它的存在，因为伏特加真的什么味道也没有！尽管如此，我们还是用许多流行的材料和伏特加组合在一起，调出的鸡尾酒的味道完全就是这种材料的味道，让人意想不到。但是凡事盛极必衰，随着 21 世纪的到来，伏特加的辉煌也急转直下——而且宿醉的感觉也实在难受。伏特加酒被人们从鸡尾酒单中彻底清除了，人们认为它清淡寡味、毫无性格，而且与金酒、干邑、威士忌和朗姆酒这些典雅高贵的酒相比，伏特加显得并不是十分体面。

不过那都是 10 年前的事了。今天，伏特加复兴的脚步越来越快，伏特加的生产商们也积极努力地生产更能引起兴趣的风味伏特加，并且注重于原料的质量、产品信息的真实性和可追溯性，还有最重要的一点——就是好喝的味道。品牌商们的宣传重点不再是他们的伏特加经过了几道过滤，取而代之的是他们优选了多种谷物，以及他们的伏特加怎样才做到了如此复杂的口味。当然，伏特加的表现力永远不会像苏格兰威士忌或者

干邑那样出色，但是如今的伏特加比以往的任何时候都值得我们为它喝彩。

伏特加的发源地到底是俄罗斯还是波兰，人们一直为此争论不休。我曾经分别咨询过来自波兰和俄罗斯的伏特加专家，他们都（非常自信地）告诉我他们所认为的伏特加发源地到底是哪里，而且他们的表现都非常爱国。

尽管两国的专家观点都很强硬，但是我们都知道世界上第一份关于伏特加的书面记载的资料是在 1405 年用波兰文字书写的。而俄罗斯关于烈酒的记载则是在随后的 1429 年。毫无疑问，要论烈酒的消费量，俄罗斯绝对处于称雄的地位，在 2011 年俄罗斯已纳税的伏特加消耗量就达到 30 亿升（平均每人 25 升）。

至于是哪个国家起的伏特加这个名字（来源于单词"voda"，意思是"一点水"），或者是哪个国家先开始生产伏特加的，这些问题就无关紧要了，因为 200 年前的老式产品跟今天的工艺精致的酒有着本质上的区别。

大多数伏特加都是由谷物制成的，通常这些谷物有黑麦、小麦或者大麦，但是还有一些是由马铃薯制成的。制作伏特加时，首先是把谷物酿造成一种啤酒，然后在大容量的蒸馏器中进行蒸馏，蒸馏出的产物酒精度至少达到 96%。然后用水进行稀释，有时还会通过过滤的方式来去除其中的某些不好的味道。一款伏特加是怎样蒸馏的，过滤几次，过滤的级别有多高，这些因素对于酒的品质有着非常重大的影响。许多伏特加厂商都因其产品的纯净度和清淡的口味而自豪（这通常都是通过多次蒸馏和破坏性的过滤达到

的），而有些厂家则会告诉你他们的伏特加更加原汁原味，而且风味更加独特。

我一向喜欢用波兰的雪树伏特加，最近喜欢用雪树未过滤伏特加，因为它的表现力更强，味道更均衡，可以跟大多数鸡尾酒完美地融合。其他的著名品牌有维斯塔伏特加（Vestal Vodkas）、波兰马铃薯伏特加（Polish Potato Vodkas）、专注于经典优质的黑麦伏特加（Rye Vodkas），还有产自英格兰赫里福德郡农场的奇滋伏特加（Chase Vodkas）。

浓缩咖啡马天尼

50 毫升雪树伏特加

20 毫升浓缩咖啡

10 毫升糖浆

·

把所有材料混入冰块后摇和，然后过滤到冷却
过的马天尼杯中。

回想我第一次当调酒师的时候，那时候鸡尾酒酒单还是越长越好，橙皮火焰还是非常新潮呢，而浓缩咖啡马天尼更是酷得不得了。咖啡因、酒精、糖，在一个美好的夜晚人体所需要的所有的东西，都集中在20世纪80年代的超级巨星——马天尼杯中。

浓缩咖啡马天尼是基于一款由迪克·布拉德赛尔创作的鸡尾酒，他是英国的鸡尾酒王子，当时他在苏活区啤酒店工作。故事是这样的（故事情节取决于讲故事的人）。一位非常吸引人的女模特走进了迪克工作的酒吧，向他点了一杯能"让人兴奋，让人烂醉"的酒——如果所有的客人都有如此明确的诉求就好了。迪克看了一眼酒吧里那台崭新的浓缩咖啡机，尝试着把伏特加、浓缩咖啡和糖掺在一起倒在马天尼杯里。就这样，浓缩咖啡马天尼就诞生了。

20世纪80—90年代，随着浓缩咖啡越来越流行，浓缩咖啡马天尼也成了必然的流行趋势。这款酒中的浓缩咖啡达到了一石三鸟的效果：第一，它掩盖了伏特加中的酒精味；第二，它为饮酒者带来了咖啡因的香味与口感；第三，它把鸡尾酒变成了不透明的棕色，令人震惊。如果你使用品质很好的咖啡，并且能够用正确的方法提取出浓缩咖啡，你也能做出白色的泡沫顶，这些泡沫就

是由溶解在煮好的咖啡中的二氧化碳气泡形成的。如果你把浓缩咖啡马天尼盛在半品脱（1品脱=0.568升）的玻璃杯中，它看起来还很像吉尼斯黑啤酒呢！

改进版咖啡鸡尾酒

我是个咖啡迷。在咖啡那充满魔力的驱动作用下，我完成了这本书的绝大部分内容。有观点认为咖啡和酒精不能很好地融合，我也表示同意，对此我是有些遗憾的。实际上，并不是它们不能融合在一起，只是大多数以咖啡为基调的鸡尾酒都违反了鸡尾酒制作的第一条原则——那就是鸡尾酒的口味至少要和其中最好的材料的口味水平相当。

许多年前，当时我还是个吧台新手，有一位客人让我用手里能用的材料为他做一杯最好的爱尔兰咖啡。我取了一些2周前烘焙好的上等美式咖啡豆，跟12年酒龄的布什米尔斯威士忌混合在一起，加入了一些糖，最后在上面加了一些鲜奶油。我用的都是几近完美的材料，我也期待着调出一杯绝佳的鸡尾酒，但事实上，这杯鸡尾酒却不过如此。威士忌和咖啡的精髓互相抵消了。如果把威士忌和咖啡分开，它们的味道要远远好于这杯鸡尾酒。

经过这次调酒的经历，我决定要用最顶级的咖啡来制作我自己的咖啡利口酒。为此，我叫上了我的朋友詹姆士·霍夫曼，他是伦敦 Square Mile 咖啡烘焙坊的老板，也是全世界最有权威的咖啡专家之一。经过了几个月的时间，我和詹姆士测试了许多种不同的咖啡，用了许多不同的方法把咖啡浸渍或蒸馏到伏特加中。我们对颗粒的大小、发酵的比例、准确的浸渍时间等都进行了分析。我们的目标是要制作一款清淡偏甜的咖啡浸渍液，它本身能够作为一种可以单独喝的酒，同时也能够作为一种非常好的咖啡口味鸡尾酒的材料。最重要的是，我们希望这款利口

酒能够展示出咖啡所有的绝妙特质，并且不会被人与那些普通的咖啡口味糖浆混为一谈。

下面这份酒谱是简易版的咖啡利口酒，但是需要注意的是，咖啡的品质和新鲜程度对酒谱中的配比有着非常大的影响。

这是一款很棒的鸡尾酒，但是你也可以把它用来跟其他的酒调和在一起，比如白俄罗斯鸡尾酒，或者简单地加入一些可乐（相信我，味道非常好）。把它作为冰淇淋的基础也是极好的——你可以试着在我独创的冰火硝基蛋奶酒冰淇淋上加一点这种酒（见第120页）。

改进版咖啡鸡尾酒

◆

100 克咖啡豆
330 毫升雪树伏特加
糖浆

•

这个酒谱是 5 人份的量

•

把咖啡豆精磨充分（提前磨好的咖啡粉新鲜度是不够的！）

•

把磨好的咖啡粉和伏特加倒入奶油枪中，摇和均匀，然后用两个 8 克 N_2O 的气弹给奶油枪加压（见第 34 页）。静置 10 分钟，然后迅速卸压，拧开盖子，并把液体倒在咖啡过滤纸上进行过滤。

按照每 100 毫升浸渍液加入 12 毫升糖浆的比例，把糖浆倒入浸渍液中搅拌均匀（注意调整甜度）。

在酒中加入冰块，搅拌 90 秒，然后倒入冷却过的利口酒杯中。

◆

莫斯科骡子

目前，有一个全新的酒品牌，推出了一款可以完美展现该品牌产品特性和风味的鸡尾酒，如果你喜欢，最好的方式之一就是使用该品牌的产品，但这也不是唯一的方式。如果往回倒退 50 多年，即使是一个历史悠久、历经考验的品牌，在推出新产品时也很难在市场上立住脚，推出一种新类别的酒更是难上加难。但是在 1940 年，约翰·G.马丁就成功把斯米诺品牌的新产品推向了市场。

你也许很难想象一家酒吧如果没有伏特加的库存会是什么样子，但是在 20 世纪 40 年代就是这样的。1930 年出版的第一版《萨沃伊的鸡尾酒》书中，在差不多 800 款鸡尾酒中，只列出了 2 种含有伏特加的鸡尾酒。当然，当时可能有人听说过伏特加，尤其是那些在革命战争后在俄罗斯寻求庇护的人，但是在当时伏特加并不是很常见的酒。到了 20 世纪 80 年代，每个人都喝伏特加，每家酒吧都卖伏特加——那么这中间到底发生了什么事呢？

鲁道夫·坤奈特是一个出生在俄罗斯、生活在巴黎的商人，他从弗拉迪米尔·斯米尔诺夫手里买了一个濒临破产的伏特加品牌。经营失败之后，他又以 14000 美元的价格把这个伏特加品牌转卖给了休伯莱恩烈酒公司的约翰·G.马丁。1938 年，休伯莱恩公司把这种酒打造成了"白色威士忌"——很显然给瓶子配上瓶塞是一个错误——从那时候，"无须屏住呼吸，口气自然清新"这个广告语就诞生了，这个广告语巧妙地推销出这种酒清淡的口味，告诉人们在你下班回到家时你的另一半不会闻出你身上的酒味，让人十分安心。

开始的时候销售并不是太好，因为很显然喜欢在白天喝酒的人还没有普遍认识到这款酒，这与计划是不太一致的。但是在 1946 年，有一天约翰·G.马丁在日落大道的一家鸡尾酒吧里和一个投资者聊天，这个投资者投资了一个姜汁啤酒品牌，同样不太成功，跟他同病相怜。约翰和杰克把伏特加和姜汁

---

50 毫升斯米诺黑牌伏特加

25 毫升鲜青柠汁

10 毫升树胶糖浆

100 毫升姜汁啤酒

一小枝鲜薄荷，装饰用

·

直接在大铜杯里调酒，放入冰块，最后用一小枝薄荷叶点缀。

啤酒混在一起，又在里面加了一些青柠汁，然后又找来一个大铜杯用来盛酒。就这样，莫斯科骡子鸡尾酒诞生了。

后来不久，这两个人就拿着世界上第一部拍立得照相机，穿梭在各个酒吧之间，让调酒师拿着斯米诺伏特加和莫斯科骡子鸡尾酒铜杯摆造型，给他们拍照片。他们用照片说服酒吧老板，最后让老板在酒吧里卖他们的酒。客人喝了他们的酒都为之疯狂，伏特加的革命就此开始了。

刚开始很短的时间里，这款酒被人们称作小莫斯科，前 500 杯都印上了这个名字。我有一瓶没打开的 Cock'n Bull 姜汁啤酒，我梦想着能用一只当时的大铜杯，把它跟一瓶 20 世纪 40 年代的斯米诺伏特加调在一起。会有这么一天的。

木桶马车骡子

发酵饮料是历史和科学相结合的最好的例子了。通过厌氧发酵制作碳酸饮料已经有几千年的历史，可以追溯到公元前 7000 年，而这项技术直到今天仍然在被人们用来生产许多啤酒和软饮料，当然，还有香槟。

在 1767 年约瑟夫·普利斯特利发现将二氧化碳直接灌注到水中的方法之前，所有的饮料都是通过用酵母把糖转化成二氧化碳（和酒精）的方式充入二氧化碳的。这项发现把当时遍布伦敦街头的手工苏打水和姜汁啤酒售卖者的生意给终结了。软饮料的生产变得更加工业化，再也不是以前的手工作坊时代了。

如果你曾经尝过发酵的姜汁啤酒，就可以发现传统产品和经过调味后人工充入二氧化碳的现代产品之间存在巨大的差别。但是，这种传统的技术也并非完美无缺：酵母的发酵原理很复杂，而且通常都很难掌握和判断。

这款酒最初的灵感来自托马斯·艾斯克，他是 Fluid Movement 的共同创始人之一。他建议用 18 世纪和 19 世纪伦敦传统的方式（用木桶）发酵莫斯科骡子。托马斯研究了一些酒谱，他的研究结果也在伦敦年度酒吧秀中得以展示，在场的观众大约有 300 名。当托马斯第一次想要取一些酒亲自尝尝味道的时候，那个酒桶意外向前排的观众喷射出一股液体，而且力道还不小！这个事件说明酵母和发酵真的很难掌握和判断！

我的木桶马车骡子的灵感是来自 1852 年出版的《伦敦工人和伦敦贫民》中记载的一个酒谱。这本书中有一部分讨论的是姜汁啤酒从传统的街头售卖到餐厅里的汽水饮料机售卖之间的转变，也记载了一份经典发酵的姜汁啤酒的酒谱：

街头售卖的那些"自酿啤酒"通常都是一次制作半篓（六打）。为了保证良好的品质，并且能装在"啤酒瓶"里出售，要按照下面提到的材料和准备方法进行制作：11 升水，0.45 千克姜，柠檬酸，丁香精华，酵母，还有 0.45 千克粗糖。在进行混合时，切记最后再放酵母，发酵 24 小时后可以进行装瓶。

我除了准备了上述材料之外，还加入了伏特加，然后放入木桶中发酵 48 小时。留出足够的顶部空间（木桶中没有液体的空间），这么长的时间足够酵母发酵了。然后我把发酵好的酒装进酒瓶中进行二次发酵。关键是要控制好糖的用量，糖太多的话瓶子可能会爆开，太少的话姜汁啤酒就会平淡无味。尝试过几次之后，我定下了下面的酒谱。

木桶马车骡子

◆

4 升矿泉水

10 克盐

140 克磨碎的姜

20 克小苏打

6 颗丁香

1 枝切碎的柠檬草

10 颗粉红胡椒

140 克糖

1 瓶（700 毫升）雪树未过滤伏特加

5 克干面包酵母

•

这份酒谱是足够 30 人份的量。

取 1 升水，把盐、姜、小苏打、丁香、柠檬草和胡椒以 65℃ 的温度进行 3 小时的真空低温浸渍。然后把液体倒在平纹过滤布上进行过滤，过滤后趁液体温热的时候把剩余的水，还有糖和整瓶的伏特加倒进去。最后把酵母倒进去搅拌，直到完全溶解。

准备一个木桶，容积至少为 6 升，把混合好的液体转移到木桶中，密封发酵 48 小时，然后转移到消过毒的拉盖玻璃酒瓶中使其稳定，并在室温下存放至少 2 周的时间。把酒放入冰箱中，在开瓶之前都要冷藏。

◆

大都会

---◆---

**40 毫升雪树香柠味伏特加 • 20 毫升君度橙酒 • 15 毫升新鲜青柠汁
15 毫升蔓越莓汁 • 一条橙皮，装饰用**

•

把所有材料混入冰块后摇匀，使鸡尾酒冷却，然后双重过滤，倒入冷却过的马天尼杯中。

•

最后，用大拇指和中指捏住橙皮两端，对准鸡尾酒，然后在橙皮处点燃火焰，点燃时间不要
超过 2 秒钟，然后用力捏橙皮，使橙皮向外折叠，喷出一股可燃的油脂落在鸡尾酒的表面。

---◆---

大都会真是 20 世纪 80—90 年代鸡尾酒中的大明星。那盛在细柄马天尼杯中的粉里透白的色彩极具标志性，几乎定义了那个时代的鸡尾酒文化和混合饮料的乐趣。

这款酒为什么能在这么长的时间里让每个人都喜欢呢？原因可能会让你非常吃惊，听好了——因为它真的非常好喝，当然，一定要正确调制才可以。一杯大都会的精髓在于把 3 种主要的柑橘类果汁调和成一杯口味均衡的饮品。这一点经常被人忽视，主要是因为它的颜色常常让人以为它是树莓味、草莓味或者蔓越莓味的。

"但是它就是蔓越莓味的呀！"我听见你的哭喊啦。不，它只是蔓越莓的颜色，仅此而已。一杯真正的大都会里只含有一点点蔓越莓，只是为了达到颜色的效果和起稀释的作用。其实扮演重头戏的是其他材料——香柠味伏特加、库拉索利口酒和青柠汁。

当然，调和出的口味不一定能够满足所有人，但这也可能是这款酒被重复点单的原因。事实上，大都会也是一本流行时尚杂志的名字，多年来这对于大都会鸡尾酒没什么坏处，它那诱人而粉嫩的色彩也为它增色不少（粉色中透着银白色）。

回首 20 世纪 80 年代，客人们点马天尼有时候只是为了可以用马天尼酒杯喝一杯。雪莉尔·库克是一名来自佛罗里达的调酒师，他在 1986 年意识到这一点，因此他以寇德岬鸡尾酒（用到伏特加和蔓越莓）为基础，但是加入了青柠甜酒和一点橘皮甜酒，创作了一款相近的酒，并且盛在马天尼杯中。这种酒当时非常热门，但是当纽约调酒师托比·切基尼对它进行一番改造后，大都会就变成了今天这个样子。他去掉了青柠甜酒，换成了青柠汁，并且增加了橘皮甜酒的分量，减少了蔓越莓的分量，最终调出了这种柔嫩的粉里透白的色彩。

但是故事并没有就此结束。托比选择一块扭拧柠檬皮卷作为他的大都会的装饰物，而现在我们通常用点燃的橙皮作为装饰，这个点子是戴尔·德格罗夫想出来的，我们真要谢谢他。戴尔从未说明过这个灵感的确切来源，但是这种点燃橙皮表面油脂，并且在鸡尾酒表面燃烧的做法，使得大都会不仅仅是一款鸡尾酒——现在它是一场表演。

最初这款鸡尾酒是用新上市的柠檬味伏特加调制的，但是我更喜欢自然浸渍的雪树香柠味伏特加。

大都会棒冰

我的童年时代在 20 世纪 80 年代，也就是说在雪莉、托比和戴尔对大都会日臻完善的年代，我还在学着系鞋带，舔着冰棍儿呢。所以，我在这本书中的众多鸡尾酒中，唯独选了这款酒来做棒冰，原因就很容易理解了吧。但是怀旧也并不是唯一的原因，从基本原理的层面来说，大都会也很适合冷冻，做成棒冰的形式来呈现。大都会的设计就是一款非常低温的酒，粉红色的颜色背后有着非常酸的口感。在 20 世纪 80 年代末 90 年代初，把酒精冷冻做成棒冰的处理方法也非常有代表性。我用的是最简单的棒冰模具，在网上和小商店都能买到，一次做成了 16 个大都会棒冰。

我稍微改动了一下酒谱，增加了甜度，因为我发现冷冻温度很低的食物如果再加上非常酸的味道，真的很难让人接受。奇怪的是，相反的情况下也出现同样的现象：如果把常规情况下冷藏的饮料加热，我觉得也要再加一些糖。这也许算不上是人类的遗传特性，但是细想其中的联系，我们就会发现冷藏的东西要甜一些才好吃（冰淇淋、棒冰），而热的食物大多也是甜的好吃（牛奶咖啡、甜茶）。在不同的国家和文化中，饮料的温度和对应的甜度／酸度／苦度的调和程度可能是不同的（事实确实如此）。我在国外调酒的时候会牢牢记住这一点，很有用。

要做大都会棒冰里用到的蔓越莓清汤，先把 300 克冷冻蔓越莓和 100 克糖放在一个塑料袋里真空密封好，然后放入 80℃的水中水浴 3 小时。加热后，把清汤用细筛过滤后放入冰箱冷藏备用。这样大约可以做出 250 克蔓越莓清汤，足够做 50 个大都会棒冰了。

找一个大水罐，在里面倒入 200 毫升雪树香柠味伏特加，100 毫升柑曼怡，75 毫升鲜青柠汁，10 毫升橙味苦精，15 毫升红石榴汁，10 毫升甘油，还有 50 毫升蔓越莓清汤。甘油能使液体变得稠厚，使液体变成油性质地，在棒冰的味觉和触感方面都有很好的效果，能够优化棒冰融化后的口感。

然后倒入棒冰模具，并在小孔中插入细棒，放入冰箱冷冻最少 3 个小时。这款棒冰的酒精含量太高了，仅仅在冰箱里冷藏是难以成形的，但是无论如何，首先在冰箱里冷冻一下是很重要的步骤，这样能够避免液氮对它的冷冻过快，也就是说能够使棒冰的形状更漂亮还能够减少液氮的使用量。

接下来把模具放入一个合适的不锈钢盒中，并把不锈钢盒完全浸入液氮中保持 1 分钟。将用剩的液氮全倒掉，然后小心地打开模具，取出大都会棒冰。

剩下的事情就是待大都会棒冰回暖 5 分钟后再吃，否则刚从液氮中拿出来的棒冰会粘在你的舌头上的！

血腥玛丽

关于血腥玛丽确切的起源，人们一直有很多争议。大家普遍认为在20世纪20年代，费尔南多·贝蒂奥特在巴黎的哈利酒吧工作的时候创作了这款鸡尾酒。但是事实上这款酒很可能不含有伏特加，而是用金酒调制的。

时光回溯到20世纪40年代的纽约，当时贝蒂奥特在瑞吉酒店工作，据其所述，当时在酒店担任经理的瑟奇·奥博兰斯基让他为一杯伏特加和番茄汁的混合饮料调味（在20世纪40年代，这款鸡尾酒没有调味的版本因喜剧演员乔治·杰塞尔而风靡一时）。贝蒂奥特在里面加入了伍特斯辣酱、盐和胡椒，还加了一些柠檬汁。

当然，有人认为血腥玛丽只是在加有伏特加的凉的番茄汤里调了一下味道，并对此争论不休。毕竟在可口食物中添加伏特加并不是什么新鲜事儿，最明显的例子就是俄罗斯的罗宋汤。罗宋汤是用经过调味的甜菜根和酸奶油做成的。胡椒、香料和新鲜的酸味物质可以从某种程度上大大补偿伏特加的平淡的口味。

血腥玛丽是一款很好的治疗宿醉的神药——嘿，它几乎占了这一功能的全部因素！看看血腥玛丽的主要组成成分，就很容易明白原因了，它含有维生素C、盐和辣椒素，而且还具有口感上的黏性。许多朋友在喝我为他们调制的血腥玛丽的时候都会发出好笑的声音，但如果是在经历过一夜宿醉的清晨，也就没什么好怪罪的了。

据说，绿色的元素是后来才加上去的，当芝加哥国宾饭店的一位调酒师看到他的一位女性顾客用一根西芹搅拌她手中的血腥玛丽。从视觉上来说，绿色和红色的结合让这款酒具有更加自然的视觉感受——就像是一抹绿色破土而出——有时候，只要看见这些就会让你有一种重生的感觉。

最后要注意的是酒的制作。关于这款酒的调制手法，或摇，或搅，或抛甩，说法不一。曾经有一个精明的人（仅次于那个对摇和马天尼发表相似观点的人）提出，市面上

50 毫升雪树伏特加

150 毫升你能获取的质量最顶级的番茄汁

10 毫升新鲜柠檬汁

7 毫升伍斯特沙司（大约甩 3 下）

3 毫升辣椒仔辣椒酱（大约甩 3 下）

1 克盐（一大撮）

1 克黑胡椒碎（一大撮）

1 根西芹，1 片柠檬，装饰用

把所有材料混在一起，放入冰块摇和（我喜欢用摇和的方式），然后过滤到冷却过的高球杯中。用一根西芹和一片柠檬做装饰。

能买到的番茄汁可能会被摇和这样的动作给"破坏"掉。很显然他忽视了一个事实，那就是番茄变成番茄汁之前已经经过采摘、压制、混合、过滤、加热浓缩，然后再进行水合的一系列过程。他可能觉得番茄是唯一会被摇和破坏的水果吧，因为摇和浆果类、柑橘类等任何长在树上或灌木上的果子好像都是没问题的。毋庸置疑，番茄汁根本不会被破坏，但是制作番茄汁的方法却有可能对温度、浓度和最终饮品的黏稠度等非常主要的指标产生影响。

还有一种材料常常被人们所忽视，那就是柠檬汁。柠檬汁对于盒装番茄汁能够起到非常明显的清新的作用。当然，你也可以自己榨番茄汁，但是那会有一点麻烦，而且最终调出来的酒鸡尾酒也会有很大差别。

最后一点，如果你真的想要用上好的番茄汁（见第 106 页），但又懒得自己动手，你可以试用新鲜的盒装西班牙番茄冻汤来代替。

终极血腥玛丽

我在当调酒师的时候调过许多血腥玛丽，也尝过很多，更不要说这些年还在许多比赛中品评过许多精心调制的血腥玛丽，可以说它是所有鸡尾酒中最顶峰的佳作。调制这款酒不容易——尤其是当你宿醉的时候……如果你宿醉了，就不要尝试了，但事实上却是完全值得尝试的。

首先，我们先来讨论番茄汁。很显然番茄汁是血腥玛丽中非常重要的部分。选用哪个品种的番茄其实并不十分关键，因为你会根据需要用糖和酸来调整口味，以弥补番茄甜度和新鲜程度上的不足（不同品种番茄的含糖量从 2% 到 5% 不等）。不过一定要确保你用的是成熟的番茄，因为成熟的番茄更饱满多汁。把番茄快速在开水中氽烫一下对榨汁也很有帮助。除了用糖、盐和柠檬汁之外，我们还需要用味精加强番茄的风味。

我还打算在这款酒中使用番茄叶子，因为它带来的番茄的甜甜的香气令人惊讶，人

终极血腥玛丽

番茄伏特加
700 毫升雪树未过滤伏特加 • 20 克鲜辣根 • 20 克番茄叶

•

把所有材料放入搅拌机，搅拌均匀充分。把搅拌充分的混合物倒入瓶中静置 5~7 天。然后把伏特加倒入咖啡过滤器中进行充分过滤。

调味番茄水
2 千克成熟番茄 • 35 毫升鲜柠檬汁 • 15 毫升雪莉酒醋
25 毫升糖浆 • 8 克盐 • 3 克味精（见第 31 页）
5 克石榴糖浆 • 1 克辣椒仔辣椒酱 • 3 克伍特斯辣酱

•

把番茄在开水中汆烫 1 分钟，然后迅速放入冷水中，这样番茄的表皮破裂，变得很容易剥。剥好皮后，把番茄放入榨汁机中榨汁，或者放入搅拌机中搅碎，然后用平纹过滤布过滤。（通常能够滤出 1 升的番茄汁，但是这个数字会根据你的番茄的含水量有所变化。）如果你手头的材料较丰富，你可以根据实际情况适当调整酒谱。最后把所有的材料放在一起搅拌，然后尝一尝味道，对口味进行调整。

西芹泡沫
300 毫升西芹汁（用榨汁机榨取）• 1 克盐 • 2 克糖 • 3 克卵磷脂

•

在立式搅拌机或者不锈钢碗中把所有材料放在一起打发至起泡。

终极血腥玛丽
50 毫升番茄伏特加 • 150 毫升调味番茄水
5 毫升缇欧佩佩菲诺雪莉酒 • 西芹泡沫 • 1 片西芹叶，装饰用

•

把伏特加、番茄水和雪莉酒混合在一起，然后放入冰块摇和，摇好后过滤到冷却过的高球杯中。用勺子把西芹泡沫舀到鸡尾酒上面，并放上一片西芹叶做点缀。

们闻起来就像置身于一个长满了番茄藤的温室里一样。一般认为番茄叶子是有毒的，但是就像许多关于食物的传言一样，事实证明这种说法是无稽之谈，根本就不科学。人们会这样大惊小怪是因为番茄叶子里含有危险的茄碱，正是这种物质使得青番茄具有毒性。但是根据权威的食物科学专家哈罗德·麦克金（同时也是极具创造力的《食物和烹饪》一书的作者）在 2010 年的纽约时报上发表的文章，在番茄叶中并没有发现这种化学物质，而是发现了一种叫作番茄碱的生物碱（青番茄中也含有番茄碱），而且只有在大量食用的时候才会产生毒性（有研究称，在人体使用整整 0.45 千克番茄叶的时候才可能产生一些不良反应，而且"这种可能性"很低）。

因为我的酒谱中使用的番茄叶还不到 1 克，所以客人的安全是完全可以保证的。

我喝过的许多制作精良的血腥玛丽中都放了新鲜的红辣椒糊或者一些复杂的香料，使酒具有灼热的口感。我觉得这很容易使人困惑，因为你很难确定某种辣椒到底有多辣，匆忙中很难把酒的味道调和到均衡的状态。要解决这一问题，你可以自制香料，然后装瓶备用。但我打算用经典的辣椒仔辣椒酱和伍特斯辣酱搭配组合，再加一点辣根。

在酸味方面，我会使用柠檬汁搭配雪莉酒醋。甜味则来自糖和一点石榴糖浆。

最后，我会在鸡尾酒顶部做一些调过味的"西芹泡沫"来代替西芹。

白兰地和干邑

如果你问任何一名调酒师，他最喜欢的烈性基酒是什么，白兰地很可能不是他们的首选。近几年，白兰地和干邑在体重超标、满面红光的贵族人士和柠檬水畅销的嘻哈俱乐部之间划出了一道分界线。尽管每间酒吧和家庭酒吧都会有一瓶白兰地，但近几年我们可以看到这些白酒瓶子都被齐刷刷地放在架子后面了。

这件事很奇怪，也很讽刺。干邑是第一种全球性的烈酒，也是第一个得到"优质奖"的种类。许多里程碑式的经典鸡尾酒都是用白兰地和干邑作为基酒的。早在伏特加、龙舌兰甚至金酒正式成为鸡尾酒材料之前，白兰地是当时先驱调酒师的首选基酒。

首先，我们先澄清一件事：干邑是一种由法律保护的特殊地域生产的白兰地。"白兰地"这个词是来自荷兰语中的"brandewijn"（烧酒），这种酒在世界各地都可以生产。在有些国家，白兰地甚至可能不是用葡萄做的（通常白兰地都是用葡萄做的），但是干邑的控制就要严格的多了。

干邑是一种地理性质上的定义。通过夏朗特河能够航行至科尼亚克，因此这个小镇具有非常关键的战略重要性。从12世纪开始，科尼亚克就有了食盐贸易，到了16世纪，科尼亚克的葡萄园就因为当地的白葡萄酒而闻名。后来出现了蒸馏技术，在1549年，"eaux de vie"（葡萄酒馏出液）就从拉罗谢尔用船运出去了。出口和航运是干邑能够发展成为全球性产品的重要条件——即使是今天，与阿马尼亚克酒（另一种特殊地域生产的法国白兰地）相比，干邑在法国的消费量也是很少的。

在17世纪，"干邑白兰地"凭借自身的优势成为非常著名的产品，并且价格不菲。到了18世纪，干邑实际上已经在全球贸易中占据了主要位置。曾经，荷兰商人几乎买下半数的干邑，用来制作利口酒。也就是在那个时候，如今无处不在的干邑酒坊如雨后春笋般兴起了，比如人头马、轩尼诗、马爹利、拿破仑，还有御鹿。每家干邑酒坊都有其独有的产品风格，到了19世纪，这些品牌已经立于全球知名品牌之列了。

在1877年，悲剧发生了。葡萄根瘤蚜虫灾席卷了科尼亚克的葡萄园，几乎摧毁了当地的酿酒产业。人们用了25年的时间来恢复重建，在这期间，这个世界仍然在不停发展。威士忌、朗姆酒和金酒慢慢进入鸡尾酒书和酒吧，占据了许多原本属于干邑鸡尾酒的地位。当干邑再次兴起的时候，已经是另一种产品了。在葡萄根瘤蚜虫灾之前，干邑一直是用口感丰富而强烈的白富尔葡萄制作的，而新兴的干邑则主要采用比较清淡的白玉霓葡萄，少部分采用新的抗病白富尔葡萄。科尼亚克的6个主要产区也被根据土壤中白垩和黏土含量不同而重新划分，这也很大程度上成就了最终产品的优良品质。

现在，大多数干邑生产商不会自己生产蒸馏酒，而是在开放的市场上根据不同的葡萄品种、土壤种类以及蒸馏方式自行选购。许多干邑酒坊都会以自家蒸馏酒的年份和调配引以为傲。对于酒而言，它的一生所受到的积极影响与酒的品质密切相关，从最初的欧洲橡木桶产生的影响，到调味、装瓶，再到最后倒进玻璃杯里，无一例外。我听说没有哪种酒像干邑这样，酒的品质跟整个制作过程的环节的关联如此密切。

V.S.(非常特别)干邑一般年份都在 2~4 年；V.S.O.P.（优质佳酿）白兰地的年份在 4~6 年；X.O.（陈年特级）白兰地的年份都在 6 年以上。

萨泽拉克

在我的"鸡尾酒青春期"，我曾被误导，认为萨泽拉克是世界上第一款鸡尾酒，如果你喜欢，可以称它为"上帝的酒"。后来我才知道，早在萨泽拉克之前就已经出现了混合饮料，但这也是在我对鸡尾酒有了比较全面的了解之后才知道的，原来"鸡尾酒"这个词在萨泽拉克这款酒出现的 50 年前就已经存在了。

但是，萨泽拉克仍然称得上是一款古老的鸡尾酒，它可以追溯到 19 世纪 50 年代的新奥尔良，当时法国人把苦艾酒和干邑混合在一起，还放入糖和药用苦精，调成的酒成了经典鸡尾酒之王之一。

故事大概是这样的：在 19 世纪 50 年代，有一位叫塞维尔·E.泰勒的绅士把干邑进口到了路易斯安那州的新奥尔良市。进口干

邑的品牌叫作 Sazerac-de-Forge et Fils。巧的是，在同一时间，新奥尔良的萨泽拉克酒吧开业了，他们开始售卖萨泽拉克鸡尾酒。这种鸡尾酒里含有 Sazerac-de-Forge et Fils 牌干邑和苦艾酒，在大西洋彼岸的法国，这两种酒大大促进了当时的艺术创造力和酒文化的发展。据传，这款酒也用了本地药房产的一种苦精，药房的老板是一位名叫安托万·贝萨梅松的药剂师。至今，贝萨梅松苦精（Peychaud's bitters）一直都是调制萨泽拉克的主要成分。事实上，贝萨梅松苦精这个品牌很可能是因为萨泽拉克鸡尾酒才得以留存至今，因为只有很少的鸡尾酒会用到它。

据一些史料记载，贝萨梅松有他自己的萨泽拉克版本，他把他的酒倒在一种法式蛋杯里，称作"coquitier"。正是因为这种蛋杯，

10 毫升柯蓝苦艾酒（La Clandestine absinthe）

1 颗白方糖

用滴瓶甩 5 滴贝萨梅松苦精

50 毫升轩尼诗特级白兰地或者"优质威士忌"

1 片扭拧柠檬皮卷，装饰用

•

取两个古典杯，一个里面放满碎冰，加入苦艾酒搅拌。把白方糖放入另一个杯子里，滴入苦精，搅拌至溶解，然后倒入干邑，加入冰块，搅拌 30 秒。

把苦艾酒杯里的东西全都倒掉，注意一定要把所有的碎冰都清理干净。（这看起来是很浪费的，但是最终鸡尾酒中的苦艾酒味道是非常明显的。）最后，把混合液过滤到那个用苦艾酒洗过的空杯里。用一片扭拧柠檬皮卷做点缀。

才使得有些人认为鸡尾酒这个词最初是起源于贝萨梅松的萨泽拉克。一家药房里会出售（烈性）酒精饮料，这看起来好像很奇怪，但是在那个时代，药物也可以用来消遣娱乐，而健康和舒服之间的界限也十分模糊。

尽管萨泽拉克在 19 世纪中期就已经出现了，但是它第一次被人写进鸡尾酒书里还是威廉姆·布斯比在 1908 年出版的《世界饮料大全及制作方法》（*The World's Drinks and How to Mix Them*）。很显然这个酒谱是托马斯·汉迪给布斯比的。托马斯·汉迪是后来新奥尔良的萨泽拉克酒吧的老板。有意思的是，这里的酒谱用"优质威士忌"代替了干邑。把干邑替换掉的原因几乎可以断定，就是因为 19 世纪中期的葡萄根瘤蚜虫灾对法国的制酒工业造成了近乎毁灭性的打击，红酒和干邑几乎都断货了，因此布斯比在他的书中用威士忌替代了干邑。现在有一个黑麦威士忌的品牌，你猜猜叫什么——没错，就是萨泽拉克，真是太讽刺了！

绿仙子萨泽拉克

这款酒中最好和最坏的部分都是苦艾酒。别误会，我是坚定的"绿色时刻"践行者（在下午 5 点钟喝苦艾酒的传统），但是萨泽拉克中的苦艾酒好像存在，又好像不存在。我不喜欢就这样把苦艾酒给倒掉，那仅仅是个建议，我并不完全赞同那样的做法。如果目的不是要呈现苦味的话，我会建议把苦艾酒当做苦精来使用。然而，在这款酒中，苦艾酒实际上是提供了一种香气——这种香气很幽然，但是却非常关键。苦艾酒可以把常规的经典鸡尾酒变成另外一种风格完全不同的鸡尾酒，我非常喜欢这样的方式。在我的设想中，萨泽拉克是用苦艾酒增加了一些熟悉的蔬菜味、大茴香味和苦艾草味，就像一个表演生动的女配角在竞争奥斯卡奖时比男主角更加受人瞩目。我在创作这款绿仙子萨泽拉克的时候，想突显出苦艾酒的锐利而令人兴奋的特点（虽然这听起来像是废话）。因此，我不用苦艾酒"冲洗"的办法，而是把它做成泡沫放在调好的鸡尾酒上面（见第46页至第47页）。这种漂浮在鸡尾酒上面的淡绿色泡沫仿佛有种魔力，好像是为我最爱的东西打上了"聚光灯"。这也是在向"绿仙子"致敬，她说过要引导那些喝了太多苦艾酒而醉酒严重的人。在19世纪后期的许多印象派画作中都有绿仙子的身影。

然后我们说一下杯子。如果能不用贝萨梅松用的那种法式蛋杯，那就太棒了。我在当地的一个商店里找到了一个镀银的有保温罩的蛋杯，可以用来为鸡蛋保温。我把保温罩反过来放在蛋杯上，大小刚好用来盛一杯酒。蛋杯上的镀银对鸡尾酒的外观有着非常重要的影响，给人一种奢华感和品质感，显得十分精致。而且，我十分喜爱那种穿过苦艾酒的泡沫，啜饮下面的干邑混合酒的感觉，真的非常美妙。

绿仙子萨泽拉克

◆

苦艾酒泡沫
1.5 克卵磷脂

50 毫升苦艾酒

10 毫升糖浆

50 毫升水

•

把卵磷脂、苦艾酒、糖浆和水混合在一起，然后倒入搅拌器充分搅打。把鱼缸式起泡器插入溶液中，打出可爱的轻飘的气泡。

绿仙子萨泽拉克
50 毫升轩尼诗 X.O.

用滴瓶甩 4 滴贝萨梅松苦精

7.5 毫升糖浆

1 片柠檬皮，另加 1 块柠檬皮点缀完成

苦艾酒泡沫

•

把干邑、苦精、糖浆和一块柠檬皮放入调酒杯中，并加入冰块，搅拌45秒，然后过滤到冷却过的蛋杯中。把苦艾酒泡沫堆在鸡尾酒上面，然后捏一块柠檬，把柠檬汁滴进酒里增加清新感，柠檬捏过后扔掉即可。

◆

边车

40 毫升轩尼诗特级白兰地
20 毫升君度橙酒
20 毫升鲜柠檬汁

·

把所有材料混入冰块摇匀，然后用细滤酒器过滤到
冷却过的碟形杯里，就这么简单！

边车的点单率虽然不高，但却是极具辨识度的鸡尾酒之一。它确实是 20 世纪 20 年代禁酒令期间出现的非常不错的一款鸡尾酒。那时候美国的调酒师都不得不去往欧洲工作。这款经过调味的鸡尾酒，当时在欧洲很受欢迎，玻璃杯都是小口设计，无论男女也都喜欢点这种精心调制好的鸡尾酒。白兰地和橙味利口酒很容易让人感到迷惑，让人以为这是餐后小酌，但是柑橘味让整个鸡尾酒的口味清新，让人把注意力都放在了干邑和利口酒上。这其实是一款男人的开胃酒。

虽然边车鸡尾酒的确切起源仍然存在疑问，但是有一点是毫无疑问的，那就是它的创始人是著名的哈利·麦克艾霍恩，他是在鸡尾酒历史上做出杰出贡献的许多个哈利中的一个。1922 年，麦克艾霍恩出版了《哈利的混合鸡尾酒入门》，当时他在瑞兹酒吧工作，他创作的边车是用同等分量的干邑、橘皮甜酒和柠檬汁调和而成的。不久之后他就在巴黎开了一间"哈利的纽约酒吧"，这间酒吧到现在还在营业，而且十分红火。这间酒吧让我想起一种开在老式的英国酒馆里的美式运动酒吧。那里出售的酒都很昂贵，但是却能够勾起所有人的乡愁。

有一个关于边车这款酒的故事，是来自一战期间的一位美国上尉，他坐在摩托车的边车里，从他的驻地来到这间酒吧，并且要点一杯既能够令他食欲大开，又能暖身子的酒。一杯边车鸡尾酒真是再合适不过了。

罗伯特·沃米尔在 1922 年出版了《鸡尾酒及其调制方法》，这本书比哈利·麦克艾霍恩的书稍微早一些。这两个人都在书中提到用同等分量的干邑、橘皮甜酒和柠檬汁。我个人认为这样调出来的酒口感非常干，而且也没什么"劲儿"，这种果味太浓的鸡尾酒已经不太适合现代社会了。哈利·克拉多克在 1930 年出版的《萨沃伊的鸡尾酒》一书中，把干邑、柠檬汁、橘皮甜酒的比例改为 2∶1∶1，这样的均衡感就很好了，因此我也选用了这个配比。

值得注意的是，边车经常会加糖边，这也是 20 世纪 30 年代的一种潮流趋势。时至今日，人们仍然质疑糖边是否真的有必要，我认为糖边让边车和白兰地卡斯特（见第126页）这两款酒的区别变得模糊不清了。

身边的爱抚

尽管在餐前饮用这款酒有诸多好处，但我觉得它还是有些的。我最大的问题是关于柠檬汁的，我很喜欢柠檬汁为鸡尾酒带来的清新感和干的口感，但是我真的不太喜欢柠檬的味道，柠檬味太重了，会盖过干邑微妙而特别的味道。如果让柠檬把干邑给毁了，那我觉得真是暴殄天物。

要避免这样的问题，我们可以选用别的酸味来调制边车。这样做既能均衡酸甜的味道，又可以避免柠檬味的松弛感。我试过许多种不同口味的酸，最终选用了酒石酸。酒石酸是在葡萄汁中发现的主要酸类物质，可以让鸡尾酒的味道变得清冽而悠远，这恰恰适合这款鸡尾酒，因为干邑就是用葡萄制作而成的。

剩下的就是橘皮甜酒的问题了。市场上的橘皮甜酒和橙味利口酒种类繁多，而所有的产品核心都是带有苦甜参半的橙子味，但是有些可能偏重橙花味、柑橘味甚至桃子味，而有些味道深远厚重，带有香料味。因为我们之前所做的努力都是为了放大干邑微妙而特别的口感，我选择使用皮埃尔费朗橘皮甜酒（Pierre Ferrand Dry Curacao），它比大多数的橘皮甜酒都要甜一些，而且能很好地把水果的味道从干邑中提取出来。

我选择的是搅拌饮料而不是摇和。在鸡尾酒中加入柑橘类别的汁液时几乎都是通过摇和来实现的，如果不充分摇和，细小的微粒会明显分离。如果没有柑橘类别的汁液时，我们就可以搅拌饮料，保持干邑的清澈度和色泽。

最后，由于我们讨论的是一款开胃酒，它一定要经得起细细品咂。想象一下我们的英国军官在寒冬中的巴黎街道上乘着边车摩托车，有什么比一份咸味法式薯条更搭配这位先生晚间的开胃酒呢？

身边的爱抚

◆

酒石酸溶液
5 克酒石酸
100 毫升水

把酒石酸溶解在水中。如果你有 pH 试纸或者酸碱性电子测试仪，你可以把 pH 值锁定在 3.0。调好后装瓶备用。

身边的爱抚
40 毫升轩尼诗 V.S. 白兰地
15 毫升皮埃尔费朗橘皮甜酒
10 毫升酒石酸溶液
法式薯条配餐

•

把所有材料混合在一起，并放入冰块快速搅拌，然后过滤到冷却好的碟形杯里。最后在杯里放一块冰块，再配一碟法式薯条作为配餐。

◆

蛋奶酒

如果你追求营养价值，我建议你就吃点别的吧。蛋奶酒在营养价值方面没有什么积极的作用。实际上，蛋奶酒就是含酒精的奶油蛋羹，按照我的看法，也可以说是冰淇淋面糊。

蛋奶酒的历史已经至少有500年了，而且有许多不同的版本。很久以前，有一种英国的版本，被称为牛奶酒，这种酒可以追溯到中世纪时期。这份酒谱是把煮熟的牛奶、香料和麦芽酒或蜂蜜酒混合在一起。后来，到了16世纪，酒谱里增加了鸡蛋，而且还专门设计了一种特殊的奶酒罐来盛放这种酒。实际上，这种牛奶酒十分古老，是唯一在莎士比亚的戏剧中出现过的混合饮料——麦克白夫人就是在这种牛奶酒中下了"药"，让她丈夫的警卫睡着了。

"蛋奶酒"一词的来源并不十分明确。有一种说法认为蛋奶酒是"鸡蛋"和"格罗格酒"的组合。尽管"格罗格"通常都与海员和朗姆酒的配比有关，但是它同时也是一种朗姆酒和酒精的通用叫法。关于"蛋奶酒"名称的由来，另一个可能性就是起源于一种叫作"noggins"的英国的木质小杯。蛋奶酒跟美国的节日有着如此深入的联系，可是其名称和酒谱的由来都源自英国，这真是让人啼笑皆非。

为什么蛋奶酒和蛋奶酒的前身能够成为冬天必不可少的饮酒，你只要看一下成分表就会明白了。酒精能够暖身，糖可以提供能量，鸡蛋则富含蛋白质，牛奶和奶油中又含有丰富的脂肪，这一切都能够帮助饮酒者在冬季抵御寒冷。当然，蛋奶酒也是传统的热饮鸡尾酒，健康的饮酒方式也不过如此。用这个经典酒谱调制出来的是富含乳脂和酒精的奶油蛋羹，对健康不大好，但是味道却非常好喝！

2 个鸡蛋，蛋清蛋黄分离

75 克糖

150 毫升轩尼诗特级白兰地

100 毫升全脂牛奶

50 毫升重奶油

肉豆蔻粉，装饰用

•

4 人份的量

•

把蛋白打入保温的不锈钢碗中，用电动手持式打蛋器
或立式打蛋器打发至软性发泡。

•

烧开半锅水，上面盖上一个不锈钢碗。（确保不锈钢碗
不要碰到水——只能用蒸汽来对不锈钢碗进行加热。）
把蛋黄和糖放在碗里，充分搅打至糖全部溶解。

•

加入干邑继续搅打——注意不能让液体沸腾起来，否
则你做成的就是酒精炒蛋了！接下来，把牛奶和奶油
加入，持续搅拌。注意用温度计或者探针确认温度，
把温度保持在 60℃左右。

•

把混合物趁热倒入蛋白中，一边倒一边搅拌，然后倒
入玻璃杯中，撒上一些肉豆蔻粉就可以了。

冰火硝基蛋奶酒冰淇淋

如果某种东西可以做成冰淇淋，那就一定要把它做成冰淇淋。以蛋奶酒为例，做成冰淇淋需要做的大部分步骤都已经完成了。蛋奶酒冰淇淋糊的主要成分跟蛋奶酒是一样的，而且比例也一样。这就太简单了，所以我就要进行下一步了，我要满足人们对于热的蛋奶酒和冰的蛋奶酒冰淇淋的所有需求，做一份冰火硝基蛋奶酒冰淇淋。

一份好的冰淇淋，其中的糖、脂肪、乳固体和质地之间有着非常好的平衡。脂肪虽然会影响风味的浓度，但是可以增强味道释放的稳定性和长久性。乳固体（不是脂肪）使风味更有深度，并且能增加冰淇淋的密度。乳化剂（比如卵磷脂）和稳定剂（比如褐藻酸钠）可以增加冰淇淋的弹性，达到很好的乳脂状质地。另外，我们还需要添加酒精（这会影响冰淇淋的融点），因此需要比较复杂的调整过程。

我曾经试过许多种配方，最终制成了我的独家蛋奶酒冰淇淋配方。这种冰淇淋散发出干邑绝妙的风味——这确实能够强调出白兰地中水果的风味。

要做出"冰火"的效果，我使用一种叫作甲基纤维素的水状胶体（胶凝剂），这种物质跟吉利丁的作用方式相反：热的时候呈固态，冷却后软化。把甲基纤维素加入冰淇淋里的想法真是太有才了，因为在开水中加一勺甲基纤维素，水就可以凝固，保持冰淇淋球的形状。所以冰淇淋可以在用热水加热的时候保持固体状态。如果你可以在适当的时机把勺子抽出来，那么冰淇淋就可以保持外面热里面冰的状态了！

开始制作，在不锈钢立式打蛋器中加入100克蛋黄，5克甲基纤维素，5克卵磷脂和100克糖。高速打发几分钟，然后加入150毫升轩尼诗特级白兰地，40克奶粉，350毫升全蛋和50毫升奶油，转至中速继续搅打（这是4人份的量）。待混合物搅打成均匀光滑的糊状时，用足量的液氮（见第42页）把冰淇淋冰冻至固体状的乳脂状的团块。你也可以用冰淇淋机，但是会需要更长的冷冻时间，由于冰淇淋糊含有酒精，用冰淇淋机做出来的冰淇淋也比较软。液氮绝对可以把冰淇淋冷冻到足够低的温度，而且由于冷冻过程很快，形成的水结晶体也比较小，冰淇淋的口感会更绵密顺滑。

进行下一个步骤，冰淇淋必须保持足够的硬度，因此需要把它放在冰箱中冷冻一夜。第二天，烧开一锅水，用漏勺挖一个冰淇淋球，把冰淇淋球轻轻放进热水里，快速旋转大约30秒，然后把冰淇淋球从水里捞出来放入蛋筒中。我用了一段肉桂皮来做装饰——其实也是向英国吉百利公司99雪花冰淇淋致敬，那是一种夏季非常有特色的蛋筒冰淇淋——最后在上面撒一些可可粉。

僵尸复活

根据 19 世纪 70 年代的文献记载，人们认为"僵尸复活"组成了一个鸡尾酒家族。僵尸复活鸡尾酒是为了在清晨缓解彻夜狂欢后的宿醉而设计的。随着时间的流逝，只有很少几种缓解宿醉的解酒方法能够流传至今，其中就包括僵尸复活 1 号。且不论它是否真的能够有效地缓解宿醉，只要用正确的调制方法，它就真的很适合在午夜狂欢的时候喝。

僵尸复活 1 号依靠深色烈酒吸引人，让人印象深刻，这跟更流行的僵尸复活 2 号形成了鲜明的对比。简单点说就是，我们讨论的是一种用干邑和卡巴度斯苹果白兰地为基酒调制的曼哈顿（见第 132 页），只不过省略了苦精。在许多书里，这款酒的成分比例都是按照干邑、卡巴度斯苹果白兰地、甜味美思 2:1:1 的比例调制，这就使这款鸡尾酒的酒味很浓，僵尸复活 1 号是我所知道的味道最重的鸡尾酒之一。

相传是一个叫弗兰克·梅尔的人在 20

世纪 20 年代发明了僵尸复活 1 号。当时他在巴黎的利兹酒吧工作，他在 1934 年出版的《混合饮料的艺术》中给出的僵尸复活 1 号酒谱是用干邑、卡巴度斯苹果白兰地和甜味美思 1:1:1 的比例混合摇匀后过滤到杯子里。然而这款酒也出现在哈利·克拉多克于 1930 年出版的《萨沃伊的鸡尾酒》中，在这本书中写到僵尸复活 1 号是用搅拌的手法调制的，干邑的比例占了 2 份。哈利称"这款酒要在上午 11 点之前喝，或者在需要精力和能量的时候喝"。为了演绎经典，我选择了梅尔的酒谱和克拉多克的调制手法。

僵尸复活 1.1 测试版

对于这款僵尸复活鸡尾酒，有些人只要看见那些疯狂而又魔幻的杯子、木乃伊形状的冰块和僵尸模样的装饰品就被它迷住了，比如我。

由于这些想法还在试行阶段，我们一定要认清僵尸复活这款酒的主要功能，这

30 毫升轩尼诗特级白兰地

30 毫升卡巴度斯苹果白兰地

30 毫升马天尼红威沫酒

•

把所有材料混合在一起，并放入冰块搅拌，然后过滤
到一个冷却过的碟形杯里。

注意：这两种白兰地给人带来悠远而柔和的果香，既有
果味又有酒的烈性，味美思又能够对鸡尾酒进行轻微
的调味，并能增加甜度。如果你想要打破常规，做得
更酷一些，也可以添加你最喜欢的苦精。

是非常重要的。它一定要够烈，够冲，够刺激才行。另外，它一定要能够随叫随到，紧急的时候马上就能上酒（我们都有过这样的经历）。最后一点就是，我想为宿醉难受的自己准备一杯鸡尾酒来缓解一下。我建议你可以在准备狂欢大醉之前，预先调好一些僵尸复活，存放在冰箱里，以备"不时之需"。这种装在瓶子里存放的鸡尾酒开创了"酒瓶陈化"领域试验性的先河（见第51页至第53页）。

现在我们对原来酒谱中的材料稍做调整，可以让它发挥更大的治疗宿醉的作用。醉酒会导致脱水、酒精代谢（成为乙醛），以及对重要维生素和矿物质的消耗，包括维生素 A、维生素 B、维生素 B_6、维生素 C 和盐。饮酒宿醉的负面影响有很多（就别提"让人兴奋"这件事了，能不能真的"让人兴奋"还不一定呢），因此我打算在僵尸复活 1.1 测试版中加入这些流失的维生素，来帮助身体在宿醉后恢复正常。

首先，我们要多加一些糖，这样能突显出酒里的水果风味，也能让饮酒者稍微得到一些能量。我还加入了一小撮盐，因为少量的盐可以让人在尝不出咸味的同时增强其他的味道，还能帮助人体补充因"酒精代谢"而流失的盐分。我们还要在里面加一些辣椒，因为辣椒可以启动人体的感知系统，而且辣椒含有丰富的维生素 B。我还在里面加了一整颗丁香，因为丁香的味道和苹果白兰地的味道配合地恰如其分，而苦味可以缓和胃部的不适。最后，在装瓶之前放入一片咖啡因，并使其完全溶解（记住要阅读一下包装上的说明），这样可以确保第二天早上效力更强劲。这种酒毫无疑问蕴含着克拉多克所说的"精力和能量"。

值得注意的是，咖啡因对于宿醉而言是一把双刃剑。尽管它起效很快，但是也是一种利尿剂（就像酒精一样），因此在使用的时候一定要注意。

在调制这款酒的时候，一定要注意不要

用最辣的那种辣椒，否则酒的味道和均衡的口感就毁了。使用辣度在 500~2000 之间的辣椒能够达到完美的效果。你也可以使用辣椒酱，但是就无法保证维生素 B 的含量了——你喝这款酒也是想要舒服一些，难道不是吗？

僵尸复活 1.1 测试版

半个红辣椒，洗净去籽

1 颗丁香

1 片咖啡因

一小撮盐

25 毫升轩尼诗 V.S. 白兰地

25 毫升萨摩赛特 12 年苹果白兰地（Somerset 12-year-old Cider Brandy）

25 毫升卡帕诺安提卡配方味美思

5 毫升糖浆

100 毫升水

一个苹果，配餐

把辣椒和丁香放入一个合适的干净玻璃瓶中。

把咖啡因片捣碎，放入调酒杯中，再放入盐以及其他材料（除了苹果）。搅拌至所有成分都完全溶解，然后过滤到玻璃瓶中，摇匀后密封。

喝的时候配上苹果（为了补偿维生素 C），直接就着瓶喝，一饮而尽。

白兰地卡斯特

◆

1 个柠檬

精制白砂糖，用来做糖边

50 毫升轩尼诗特级白兰地

5 毫升柑曼怡

5 毫升黑樱桃利口酒

5 毫升糖浆

用滴瓶甩 2 滴亚当埃尔梅拉格博士的博克苦精

•

首先，把柠檬削皮。用锋利的土豆削皮刀从柠檬的一端开始削，削到另外一端，使柠檬皮呈弯曲状。

•

把削过皮的柠檬切成两半。一半留着用来取汁（见下面说明），另一半用来沾湿小红酒杯的边缘，沾湿之后，把酒杯口外侧蘸入精制白砂糖中，注意尽量不要让酒杯内壁沾上糖。

把所有的液体成分放入调酒杯中，加入 5 毫升柠檬汁，放入冰块搅拌 40 秒，然后过滤到准备好的酒杯中，把弯曲的柠檬皮放在酒杯口的内壁。

◆

坦率地说，卡斯特代表了 19 世纪调酒技术的顶峰。

在 1840 年的新奥尔良，近 40 年间，所谓鸡尾酒就是在一种烈酒中加入一些苦精、一块糖和一点水，然后搅拌一下就成了。这样的鸡尾酒在当时已经是最让人兴奋的了。一个名叫约瑟夫·圣蒂尼的人被指派到新奥尔良市管理所有的酒吧和餐馆。圣蒂尼成了化身吉基尔博士，把所有原本的陈规都打破了，用他所掌握的技术对鸡尾酒的 DNA 乱改一气。结果，我绝不是瞎说——鸡尾酒 2.0 诞生了。

他的第一个改动就是用冰来代替水。当时大约 10 年前美国就有了隔热冰箱。用冰来稀释和冷却鸡尾酒，可以降低鸡尾酒中的酒精比例，从而减少水的用量，而水是会对味道起稀释的作用的。但是人们不喜欢鸡尾酒里有许多大冰块，所以圣蒂尼用了一个调酒杯，然后把调好的酒过滤到酒杯中。

果汁冰糕卡斯特

柠檬味糖霜杯饰

100 克糖霜 / 糖粉

25 克柠檬粉（根据柠檬粉口味的强度调整
用量）

10 克小苏打

10 克苹果酸

10 克酒石酸

2 克盐

葡萄糖浆（用来涂酒杯）

·

把所有粉类充分混合均匀，轻轻在酒杯外壁涂上
葡萄糖浆，然后用细筛随意把混合好的果粉撒在
杯子上。用吹风机轻轻吹干果粉，形成一层厚厚
的外壳。

果汁冰糕卡斯特

50 毫升轩尼诗特级白兰地

5 毫升柑曼怡·5 毫升黑樱桃利口酒

20 毫升水

用滴瓶甩 2 滴亚当埃尔梅拉格博士的博克苦精

1 块扭拧柠檬皮卷，装饰用。

·

把所有的液体材料混合在一起，放入冰块搅拌 1
分钟，然后过滤到准备好的酒杯里。在酒里放一
块冰块，从而维持酒的温度。用一块柠檬皮缠住
酒杯的脚，作为装饰。

·

舔一舔，喝一口！

把糖捣碎是非常耗费时间的，通常还没什么效果，因此圣蒂尼转而使用具有黏性的糖浆，把它加入到鸡尾酒里。他还在杯子外边做了糖边（或者叫糖壳），从而在味觉上引起了质的变化，并且为饮酒体验加入了一些甜蜜的惊喜。

如果加入一些最近流行的欧洲利口酒来促进干邑精妙的口味，你觉得怎么样呢？我们使用了黑樱桃利口酒来强调水果柔美的甜味，用橘皮甜酒加入一些干涩而有滋味的口感。很棒吧！

但是现在又有点太甜了，真糟糕！我们需要用什么东西来调和一下糖和利口酒的味道，但是用什么呢？任何一位当代的调酒师都会不假思索地选用果盘，但是当时圣蒂尼却选用了柠檬，开创了一项全新的调酒技术。几勺柠檬汁就可以把甜味中和掉，并且使鸡尾酒的味道充满水果的丰富感。

最后（就好像他做得还不够多似的）我们需要把一整颗柠檬的皮放在酒杯中，只是为了做出视觉效果。

这样，这款教父级的美妙饮品就完成了。在 19 世纪，人们会觉得这款酒又复杂又烦琐，估计不会有人试着来调制，但是这款酒很快就崭露头角，在几乎所有调酒师大腕的书中占据了重要的位置，比如杰瑞·托马斯、威廉姆·施密特和哈利·约翰逊等。

尽管我想方设法用现代技术创作一款鸡尾酒，但是对一款在那个年代已经登峰造极的鸡尾酒如此乱改，真是有点亵渎经典了。所以我打算相对全面地保留鸡尾酒的材料，更多地关注于杯子的"外壳"。

经典的鸡尾酒有了一个非常漂亮的外壳，但是做起来却并不容易。当柠檬掉进杯里以后，这款酒的标志性的形象就马上被完全破坏了。我通过把柠檬的味道添加到糖边

中，以及增加糖边外壳的量，从而把这款酒做的又是鸡尾酒，又是棒棒糖！

我拿定了这个主意，用柠檬味糖霜代替白砂糖。喝酒的人可以选择喝酒或者从被子外边舔掉糖霜。在制作糖霜的时候，我用了苹果酸和酒石酸的组合（见第 25 页至第 27 页），跟小苏打、糖分和柠檬粉混合在一起。小苏打是一种碱性物质，当小苏打遇到酸，并且变潮湿的时候（比方说碰到你的舌头），两种物质就会产生放热反应，产生强烈的气泡。柠檬可以很好地把糖霜和鸡尾酒联系起来，还能很好地调和酸甜的味道。

我也想过更进一步，在糖霜壳中加入橙子味糖霜和樱桃味糖霜（为了搭配橘皮甜酒和黑樱桃利口酒），这样喝酒的人就可以在喝酒的同时尝到三种不同的糖霜。

我决定去掉原来酒谱中的柠檬汁和多余的糖，因为它们有点影响到干邑的味道，而且我的糖霜外壳也很好地加入了酸味作为补偿。我还加了一点水，稍加稀释可以帮助干邑和利口酒释放出它们的香气，还能帮助缓解柠檬味糖霜猛烈的气泡反应和较高的酒精含量！

✳ 威士忌 ✳

把所有的以威士忌为基酒的鸡尾酒都放在同一类别中讨论，这是一个大胆的做法。在此，我忽略了美式威士忌、爱尔兰威士忌和苏格兰威士忌本身的分类和特点，希望不会因此弱化威士忌在鸡尾酒中所具有的总体显著性。

人们普遍认为威士忌是起源于爱尔兰，而不是苏格兰。在 14 世纪初，蒸馏的技术传到了爱尔兰的沿海地区，并被旅行僧侣传播到各个地方。说拉丁语的炼金术师把这种蒸馏酒命名为 "aqua vitae"（"生命之水"），但是爱尔兰人和苏格兰人还是叫它盖尔语的名字 "uisce beatha"，久而久之，最终变成我们都熟知的名字——威士忌。

同时，在大洋彼岸，朗姆酒出现在北美人的酒桌上已经 100 多年了，然而当美国独立之后，爱尔兰和苏格兰的移民就开始制作威士忌酒了。

粮食的价钱很便宜，产量也很丰富，而且也比从英国购买朗姆酒或者糖浆要更吸引人。在 1785 年，波本郡建立，郡名得名于法国拉斐特将军，因为拉斐特将军是波本王室的后裔。在此期间，美国的威士忌生产发展迅速，但是波本郡的名气却是来自其主要的特产玉米利口酒，而不是黑麦威士忌。

威士忌有两种拼写，whisky 和 whiskey，这两种拼写的差异代表威士忌有着不同的品质。在 19 世纪，爱尔兰和美国的威士忌生产商就意识到，他们需要把自家的产品区别于苏格兰的低等产品。因此他们在单词whisky 中加了一个 "e"。

爱尔兰威士忌通常会使用立式蒸馏器和分馏柱蒸馏 3 次，用的原料是未经泥炭烘烤过的大麦麦芽，加上蒸馏过程的作用，制作出的威士忌比苏格兰威士忌的口味更清淡而精致。

跟爱尔兰威士忌一样，苏格兰威士忌至少要经过 3 年的陈化，并且经过至少两次蒸馏。苏格兰威士忌以其多样化的风格而闻名，在苏格兰大约有 100 家酿酒厂，每一家都有自己独有的特点，而这些特点主要是由于每家酿酒厂所在的地方、所使用的泥炭（烘烤燃料）、蒸馏过程以及陈化工艺的不同而不同。苏格兰低地威士忌口味清淡精致，具有青草香味，而高地威士忌则口味粗犷，具有木质香味和果香味。斯佩塞德的威士忌（苏格兰酿酒厂最密集的地区）口味芳香而丰富，而产自艾雷岛的威士忌则具有很浓的烟熏味和咸味。单一麦芽威士忌是在同一家酿酒厂中使用大麦麦芽酿造而成的，而混合威士忌则是由若干种单一麦芽威士忌和谷物威士忌（用没有发芽的大麦酿造的威士忌，口味比麦芽威士忌清淡的多）混合而成。

美式威士忌是一种用粮食和谷物酿造的威士忌，最常见的有黑麦威士忌、波本威士忌和田纳西威士忌。所有这些威士忌都需要在新的美国橡木桶中进行陈化。黑麦威士忌必须用黑麦含量超过 51% 的醪糟酿造。波本威士忌和田纳西威士忌则需要用玉米含量超过 51% 的醪糟来酿造。按照美国的法律规定，波本威士忌可以在美国境内的任意地方进行生产（尽管这种酒跟肯塔基州的关系更紧密），陈化没有最低年限的限制，并且允许添加风味和颜色。但是，有一种 "纯波本威士忌" 必须经过至少 2 年的陈化，而且在经过蒸馏和陈化之后，除了水之外不允许添加任何其他东西。你能在本地酒吧找到的所有波本威士忌几乎都是产自肯塔基州的纯波本威士忌。田纳西威士忌中最出名的当属杰克·丹尼尔威士忌，这是一种只能在田纳西州酿造的纯波本威士忌。

通过不同的木桶陈化工艺，可以生产出不同的偏甜腻、有香味的美式威士忌，而苏格兰威士忌和爱尔兰威士忌则会产生果香味、草香味和蜂蜜香味。

曼哈顿

◆

50 毫升活福珍藏波本威士忌

25 毫升马天尼红威沫酒

用滴瓶甩 2 滴鲍勃·阿尔伯特苦精（Bob's Abbotts bitters）

1 颗酸樱桃（或者 1 块扭拧橙皮卷），装饰用

•

把所有的材料混在一起，加入冰块搅拌 60 秒，然后过滤到冷却过的碟形杯里，用一颗酸樱桃点缀。如果你喜欢的话，也可以用扭过的橙皮做点缀。

◆

有几个原因可以解释为什么曼哈顿可以号称是世界上最具标志性的鸡尾酒之一。其中，最重要的原因就是它是以世界上最著名的大都会命名的。另一个原因是曼哈顿和另一款鸡尾酒中的"黄金女郎"同属一个社交圈子，那就是马天尼。事实上，有人说曼哈顿之于 Ken（玩偶）就像马天尼之于芭比娃娃。最后一个原因，也是最重要的一个原因就是，曼哈顿的味道简直是太棒了！

有时候我会有选择困难症，而我真正想要的是一种既熟悉又美味的东西——那种被谷物和美酒的味道笼罩的舒适感觉，这时候我就会选曼哈顿，它是我应对选择困难症的完美选择。

关于曼哈顿的起源有一个流传甚广的故事，但可信度并不高。尽管如此，这个故事还是十分精彩的，我一定要讲一下，我想你也一定认为这个故事真应该是事实！故事是

这样的，有一个叫伊恩·玛莎的医生在 1874 年发明了这款鸡尾酒。显然，当时他在参加一个由珍妮·杰罗姆（伦道夫·丘吉尔夫人，温斯顿·丘吉尔的母亲）在纽约市曼哈顿俱乐部主持的宴会。那场宴会是为了庆祝塞缪尔·J. 提登成为总统候选人而举办的。据说这款酒获得了非常大的成功，消息不胫而走，曼哈顿区的其他酒吧里，客人都开始点这款在曼哈顿俱乐部闻名的鸡尾酒了。

遗憾的是这个故事有一个很大的问题。在这个上面提到的这场宴会的当日，伦道夫·丘吉尔夫人其实是在英格兰的伯明翰，为她刚出生的儿子——温斯顿做洗礼。如果能把这位伟大的饮酒者跟这款伟大的鸡尾酒联系在一起，还是挺相称的，可事实并非如此。

有一件事很奇怪，你几乎可以用任意一种烈酒，以 2:1 的比例跟甜味美思调在一起，

再用滴瓶甩 1 滴苦精，我可以很自信地说，你调出来的酒味道好得不得了。用干邑调出来的酒叫哈佛，用金酒调出来的叫马丁内斯（见第 74 页至第 75 页），用苏格兰威士忌调出来的叫罗伯罗伊（见第 148 页），诸如此类，但是也许其中最出色的还是曼哈顿。

有些人认为调制曼哈顿应该用黑麦威士忌代替波本威士忌。我的酒谱中用的是波本威士忌，因为波本威士忌更容易买到。但是就我个人而言，波本威士忌是退而求其次的选择，因为黑麦威士忌的香味更浓一些，而且也更有"男人味"。

工业革命

我对于曼哈顿鸡尾酒的创新灵感来自曼哈顿岛本身。曼哈顿岛可以说是世界上第一个特大型都市，以其钢筋水泥玻璃汇聚而成的标志性的摩天大楼而闻名。在 19 世纪末 20 世纪初，曼哈顿的经济、工业以及建筑等方面出现了显著的增长。这些增长背后的核心因素是钢材——一种强度较高的碳和铁的合金——我也要用钢材来制作我的工业革命鸡尾酒。

我第一次了解到钢瓶陈化的益处还是通过我的朋友克雷格·哈珀，他是一个苏格兰人，对蓝色的鸡尾酒有特别的嗜好，满脑子都是老式鸡尾酒。克雷格把几杯曼哈顿混在一起，然后分别放在钢瓶、玻璃瓶和橡木桶中陈化大约 6 周的时间。这几款酒在 2011 年伦敦鸡尾酒周上亮了相，我曾有幸尝过一杯经过陈化的曼哈顿和一杯新鲜调制的曼哈顿。那杯经钢瓶陈化的曼哈顿让我感到无比的兴奋。酒的味道没有明显的变化，但是所有材料融合在一起的契合度却显著地提高了，给人感觉不是一些混合在一起的材料，而是一杯浑然天成的酒。换句话说，钢瓶在短时间内可以实现调酒师一直以来的夙愿——对材料的融合。

我曾试着研究钢瓶陈化到底是怎么一回事儿。为什么钢材这种廉价而又惰性的材料可以对材料的融合起到魔法般的作用呢？问题是，尽管几乎所有的酿酒厂都用钢瓶存储酒，但是对这一问题几乎找不到任何研究论文或者调查信息。

克雷格和我决定继续进行一些钢瓶陈化曼哈顿的感官测试，想看看钢瓶陈化的曼哈顿到底发生了什么变化。

我们用了价格低廉的不锈钢酒瓶。如果你也想要尝试的话，一定要注意不要用铝制酒瓶。不锈钢瓶的价格越便宜越好，因为价格高的不锈钢瓶的表面可能加了别的材料制成的涂层。我们准备了 4 份曼哈顿作为试验样品，并且编了号，每一份样品都是按照同样的方法调制的，而且在陈化瓶里也留了相同的空间。我们选了 3 份样品，用适量的水进行稀释，因此一旦陈化完成之后，只要加以冷却就可以喝了。还有一份样品没有被稀释，因此在喝之前要先加入冰块进行搅拌。

工业革命

◆

300 毫升里滕豪斯黑麦威士忌（Rittenhouse Rye Whiskey）

150 毫升马天尼红威沫酒

15 毫升黑樱桃利口酒

用滴瓶甩 10 滴亚当埃尔梅拉格博士的博克苦精

•

这是 5 人份的量

•

把所有的材料放入钢瓶中，陈化 6 周。

•

喝的时候，按照每个酒杯中 95 毫升的量取酒，然后放入冰块搅拌 30 秒。最后把酒过滤到冷却过的碟形杯里。

◆

我们是想要看看不同的酒精度对于陈化过程有着怎样的影响。

遗憾的是，我们的试验没有结果。不过我们发现钢瓶陈化对鸡尾酒确实有着非常显著的影响。同样成分同样比例的钢瓶陈化曼哈顿与新鲜调制的曼哈顿相比，我们发现陈化10周再稀释的样品喝起来融合感最好，但是口味有些平淡无味，没有生气。与之相反，预先稀释再进行陈化的样品口感更加丰满，味道也更加芳香醇厚。也许在陈化前进行稀释就是最佳的操作方法？

预先稀释后陈化了8周的样品表现平平，口感绵软而没有生气。最后我们发现，预先稀释然后陈化6周的样品口味最佳，味道丰富，还有一些像樱桃一样的甜味，酒精含量也足够表现出鸡尾酒的质感。

我们还需要进行进一步的探索，不过现在，这就是我最喜欢的钢瓶陈化曼哈顿酒谱。

威士忌酸酒

◆

50 毫升苏格兰威士忌

25 毫升新鲜柠檬汁

12.5 毫升糖浆

1/2 个蛋白（可选）

1 颗新鲜樱桃，1 片柠檬，装饰用

•

把所有材料放入摇酒壶，并加入冰块一起摇和。然后过滤到调酒杯中，用搅拌棒或手持电动起泡器快速搅拌。最后倒入岩石杯中，并用一颗新鲜樱桃和一片柠檬装饰。

◆

大多数酸酒酒谱中的威士忌都会用 Whiskey 这个带 e 的单词，表明这种酒是起源于美国（波本威士忌和黑麦威士忌）或爱尔兰。苏格兰威士忌并不是调制酸酒的常规基酒，但也不是完全没有人用。我选用苏格兰威士忌的原因很简单，它的味道真的很棒。

这并不意味着用其他威士忌来调制酸酒就不好，像波本威士忌、黑麦威士忌、爱尔兰威士忌、印度威士忌、威尔士威士忌、英格兰威士忌，还有日本威士忌——甚至是其他种类的烈性酒——只不过我个人觉得苏格兰威士忌酸酒更胜一筹。

酸酒本身是鸡尾酒家族中的一员——它本身并不见得多么令人兴奋，但却是鸡尾酒中至关重要的部分。酸酒是其他种类鸡尾酒的基础，比如菲士酒（酸酒摇和后，上面倒上苏打水），柯林斯酒（酸酒和苏打水搅拌在一起），利克酒（一种青柠檬酸酒上面倒上苏打水），以及边车、大都会、白色佳人所属的类型。酸酒既简单又稳定，时不时地来上一杯也不会让人觉得不好意思。

杰瑞·托马斯在1862年出版的《怎样调制饮品——美食达人指南》是第一本发布酸酒酒谱的书籍，事实上里面有5种酸酒酒谱，包括威士忌酸酒（使用波本威士忌）、金酸酒、白兰地酸酒、蛋酸酒（使用白兰地

和库拉索利口酒）、圣克鲁兹酸酒（使用朗姆酒）。威士忌酸酒的酒谱如下：

首先，在一点赛尔兹矿泉水或是阿波利纳里斯矿泉水中溶入一大茶匙白糖粉，另外需要半个小柠檬挤出的柠檬汁，还有一杯波本威士忌或黑麦威士忌。

在杯中倒满刨冰，充分摇匀并过滤到葡萄酒杯中，并用樱桃装饰。

这个酒谱历经150年一直保持原汁原味，其中最大的原因就是，它真的很好喝。托马斯的酒谱要求读者把水和糖粉混合在一起，但如今我们可以使用糖浆。烈酒、柠檬汁和糖浆的混合比例为4：2：1，调制出的酒始终都有着顺滑的口感，无一例外。

为什么用苏格兰威士忌呢？因为苏格兰威士忌和柠檬汁是我能想到的最具有相关性的两种饮料，如此搭配还具有某些药效呢。我还很喜欢那种麦芽和泥炭（如果适用的话）的特质的表现方式，尽管被酸甜适中的味道软化了一些，但是仍然很明显。事实上，我发现对于一开始不爱喝苏格兰威士忌的饮酒者，威士忌酸酒能够为他们开启欣赏麦芽威士忌香气韵味的大门。

万灵丹

在我的"崇拜街口哨店"酒吧里，出售万灵丹改版鸡尾酒已经有2年的时间了。刚开始的时候我们非常诧异，这款用苏格兰威士忌做基酒的鸡尾酒非常受欢迎，点单率很高，尤其是受女性客人的青睐。

瑞恩·柴提亚瓦达那（我们的酒吧经理）当时提出了对这款酒的构思，把一些过去用于制药的材料组合在一起——因此才给这款酒取了"万灵丹"这个名字。我们把苹果醋、蜂蜜和薰衣草放在一起真空低温浸渍几个小时，制成了蜂蜜薰衣草席拉布。把浸渍液和柠檬汁、苏格兰威士忌和蛋白放在一起摇和，然后在上面加一些鼠尾草粉。把许多苏格兰鸡尾酒中存在的味道加入其中，制成一杯药香味的鸡尾酒，这真的是非常完美的作品。

下面的酒谱用的是同样的材料，但是我用了分层的方法来组合它们。跟处理食物一样，有时候，把饮料的材料分层处理还是很

万灵丹

烟熏泡沫

150 毫升阿德贝哥威士忌

150 毫升水

10 毫升过滤过的柠檬汁

15 毫升糖浆

5 克薰衣草干花

50 克蛋白

把除蛋白外的所有材料放入奶油枪，然后用两个 8 克 N_2O 的气弹对奶油枪充气（见第 34 页）。快速摇晃奶油枪 1 分钟，然后静置 2 分钟。握住奶油枪保持直立，然后迅速按下控制杆，把内容物打到网筛或者过滤器上，过滤到碗里或者调酒杯里。最后把奶油枪里的薰衣草颗粒清理干净。

·

把过滤过的液体重新倒回奶油枪，并加入蛋白。充分摇晃奶油枪，然后用单个 8 克 N_2O 的气弹给奶油枪充气。把奶油枪放入冰箱冷藏至少 2 小时。泡沫足够 12 杯鸡尾酒的用量，而且可以在冰箱保存 10 天。

鼠尾草粉装饰

10 克新鲜鼠尾草叶

·

把新鲜的鼠尾草叶放在烤盘上，放入低温烤箱烘烤 2 小时干燥处理（或者使用脱水机）。干燥后把叶片磨成粉。

万灵丹

50 毫升格兰杰 12 年威士忌

10 毫升新鲜柠檬汁

5 毫升苹果醋

15 毫升蜂蜜水（蜂蜜和水 1∶1 比例混合）

烟熏泡沫

撒上鼠尾草粉装饰

·

把威士忌、柠檬汁、苹果醋和蜂蜜水混合在一起，加入冰块摇匀，然后过滤到冷却好的碟形杯里。在上面轻轻倒上烟熏泡沫，并用研磨好的鼠尾草粉进行装饰。

有意思的，你喝的每一口酒都能带来不同的感受。我做的泡沫是用熏制单一麦芽威士忌和薰衣草进行调味，酒的液体部分则是由淡味斯佩塞麦芽威士忌、柠檬汁、苹果醋和蜂蜜组成。这款酒表面上看起来是普通的酸酒，上面加了一层雪白的泡沫。但是只要喝一口你就会发现泡沫对于下面的酒而言是一种鲜明的对比和口味上的补充。

朱丽普

50 毫升波本威士忌

5 克新鲜薄荷叶（大约 12 片），另加一束薄荷枝装饰用

7 毫升糖浆

·

把所有材料放入朱丽普酒杯底部，然后搅拌 1 分钟。用大勺挖一勺碎冰放入杯中搅拌。把朱丽普过滤器放在酒杯上面，放上一些薄荷枝。

对于我们的美国同胞来说，朱丽普的意义跟肯塔基赛马节的意义是一样的。肯塔基赛马节是一年一度在肯塔基州路易斯维尔市举办的纯种马赛马比赛。在肯塔基赛马节的周末，丘吉尔园赛马场会为观众准备大约 12 万杯朱丽普——那真需要很多很多的薄荷！

这款酒本身是一款基础的古典鸡尾酒，只是用薄荷代替了苦精，用传统的朱丽普酒杯——一种闪闪发亮的钢制酒杯、锡制酒杯或银制酒杯盛放。"朱丽普过滤器"这种叫法也来自朱丽普鸡尾酒，其是调酒师的调酒工具包里常备的一种主要工具，是把调酒杯中的酒倒入玻璃杯的时候过滤冰块用的。最初使用朱丽普过滤器是为了防止把细碎的薄荷和冰碴喝进嘴里。现在，我们在调制朱丽普时都会配上很细的吸管，所以不用担心酒里有薄荷叶。

关于朱丽普鸡尾酒最早的资料可追溯到 1803 年，朱丽普被描述成"弗吉尼亚人在早晨喝的一种小杯的浸泡着薄荷的酒精饮料"。

我喜欢用薄荷浸渍过的波本威士忌和糖浆调制的"混合朱丽普"，这种酒用到的薄荷量很小，而且可以很方便地在自家的酒柜存储，要喝的时候只要加一些碎冰迅速搅拌就可以了。上面列出的酒谱是我的朋友乔恩·李斯特给我的，他是一名波本威士忌爱好者。

冰火朱丽普

这份酒谱的灵感来自赫斯顿·布鲁门赛尔厨师所发明的"冷暖冰茶",它来自英格兰布瑞的肥鸭餐厅。

(在垂直方向)让一种饮料漂浮在另一种饮料上面并不是什么新鲜事。许多书都会介绍子弹分层和在完成的饮品上面滴入不同颜色且浓度较低的液体,它们流行的原因很大程度上是因为它们一层挨一层排列上去,呈现出的视觉效果十分吸引人。而要调一杯水平分层的鸡尾酒就要难得多了,这似乎是不可能发生的事——怎么让两种液体排列在一起而且不会混合呢,而且还一种是冷的,一种是热的?

其实这完全是有可能的,而且在2005年的时候肥鸭餐厅已经成功调制出了这种一半是热茶一半是冰茶的饮品。当你喝到这种饮料的时候,那种同时喝到热茶和冰茶的感觉实在是无比奇特,就好像是你拧开了一个水管上面的水龙头,它流出来的不是热水,而是同时流出了未经混合的滚烫的水和冰冷的水。通过制作高黏度的(可以自由流动的)液态凝胶就能够做出这样的效果。

我们每天都会见到许多液态凝胶,比方说番茄酱和沐浴露都是液态凝胶,它们的黏度都比较低,但是仍然具有可流动的特点。想象一下同时把布朗沙司和番茄酱挤到玻璃杯里会是什么样子。随着两种酱同时进入到玻璃杯里,它们并不会互相混合,而只是并排共存,凝胶结构所带来的低黏度的状态使得两种液体不会流到对方的内部,然而要用比番茄酱更高黏度的液体做出水平分层的效果也是可行的。我打算制作一种朱丽普液体凝胶,这种凝胶的黏度很高,喝起来就像液体一样,但是又具有足够的稳定性能够保证液体之间不会互相混合。

毫无疑问,这是我所尝试过的最具有创意和前瞻性的鸡尾酒,也是我面对过的最大的挑战,对人的舌尖也是一次难以想象的革命性工程。

我们的舌头和口腔对于食物质地细微变化的感知能力无可匹敌。婴儿会把他们手边能触及的所有的东西都放进嘴里,去感受这种东西的质地。所以说要骗过舌头的难度令人难以想象,因此如何把液体凝胶的黏度调整到最佳状态是这杯饮料能否成功的关键。

朱丽普是制作这种饮料的最佳选择,因为无论是热朱丽普还是冰朱丽普都非常好喝。这也让我有机会好好运用一下薄荷又辣又凉的特性。只要能激发薄荷本身已经蕴含的风味,就能够把我的朱丽普做到极致。

薄荷那种凉凉的感觉来自许多种不同的物质,我们最常接触到的就是薄荷醇。这种物质一旦进入到我们的口腔中,再加上冰冷的温度,就会使那种冰凉的口感无尽地持续下去。薄荷辛辣的口感来自化合物石竹烯。这种化合物在丁香、某些种类的罗勒、肉桂,以及西非绝大多数的黑胡椒中也都普遍存在。跟薄荷醇一样,如果跟热的食物一起吃,那种辛辣的口感也会一直存在。我打算通过使用这些化合物来对饮料中的两部分进行冰凉口感和辛辣口感的调节,进而带来口感上的错觉。

我会分别准备饮料中的两个部分，然后再把它们同时倒入杯中。材料的计量要求十分准确——如果你不多加小心的话，即使是水中的矿物质含量也会对整个饮料的平衡产生负面影响。

我把 15 克的薄荷叶用液氮进行冷冻（见第 42 页），然后用捣碎棒或者擀面杖把薄荷做成粉状，用来做朱丽普浸渍液。接下来，把薄荷粉放入 200 毫升的活福珍藏波本威士忌中，再加入 25 克糖浆，然后快速搅拌 1 分钟，用咖啡过滤器或平纹过滤布把细小的薄荷颗粒过滤出来。

开始制作热朱丽普，首先需要在锅里倒入 100 毫升的水，放入 0.3 克琼脂、0.2 克苹果酸和 1 克研碎的西非黑胡椒粉末。我把混合好的水放在火上烧开，确保所有的琼脂都充分溶解，然后从火上拿下来进行过滤，然后倒入 100 毫升朱丽普浸渍液，注意要一边搅拌一边倒入。

接下来制作冷朱丽普，首先需要在锅里倒入 100 毫升的水，放入 0.3 克琼脂、0.6 克苹果酸、一块邮戳大小的柠檬、1.5 克薄荷脑（缓解鼻充血的药）。把混合好的水放在火上烧开，确保所有的琼脂都充分溶解，然后从火上拿下来进行过滤，然后倒入 100 毫升朱丽普浸渍液，注意要一边搅拌一边倒入。

把两种混合液隔冰冷却，冷却后用细目网筛或过滤器进行过滤，然后分别装瓶备用。

调制这种饮品时，把热朱丽普水加热到 65℃，同时把冰朱丽普隔冰冷却或放入冰箱冷却。我曾用一个定制的金属茶杯来盛放我的冰火朱丽普，杯子里面有一个塑料插片，在倾倒两种液体的时候，在中间起到隔离的作用。

等两种液体都达到理想的温度时，小心地把两种液体分别匀速倒入杯子的两侧，然后拿出中间的插片，就可以为客人上酒了。

这种酒调好之后一定要尽快饮用，因为冷热两部分的液体互相接触后，就会在短短几分钟的时间里发生热传递，温度趋于平衡。

古典鸡尾酒

我曾经问过我的一个朋友古典鸡尾酒最特别的地方是什么，他告诉我："喝古典鸡尾酒就是一个充满韵味的时刻，特别之处在于冰块融化时棱角弯曲的弧线，在于沉淀在玻璃杯底部摇来晃去没能融化的糖，还在于只有古典鸡尾酒才能发出的冰块撞击厚厚的玻璃杯时的清脆的叮咚声。"

当然了，他说的确实是真的，古典鸡尾酒不是一种饮品，而是一种仪式，一个抽着雪茄、坐着真皮扶手椅、专注于政治局势和古典音乐的时刻。当你在喝古典鸡尾酒的时候，就像是在品味历史，不仅仅是因为它的名字如此，古典鸡尾酒经过时间的洗礼而备受推崇，它饱经风霜，极富情感，因此才会具有如此的韵味。

古典鸡尾酒完全契合了鸡尾酒最初始的定义——烈酒、糖、水和苦精（见第12页至第13页）。为常规的波本威士忌加上苦-甜边，使这种酒变得更可口，这也使得人们意识到纯的烈酒不会有这么好喝的味道。朋友们，这非常容易理解，就像用盐和胡椒腌制沙朗牛排，然后烤制几分钟，最后用刀把整块牛排都吃掉一样，这么做只是给烈酒进行调味。

关于"古典威士忌鸡尾酒"最早的资料出现于乔治·J.卡普勒在1895年出版的《现代美式饮品》书中：

在威士忌杯中倒入少量的水，然后放入一小块糖并使其溶解。用滴瓶甩2滴安格斯特拉苦精，加入一小块冰、一片柠檬皮、一小杯威士忌，用小吧勺搅拌均匀就可以了，不要把吧勺从酒杯中拿出来。

到此为止了吗？不！既然叫作"古典鸡尾酒"，那么它一定要够古老——对吧？没错。在被称作古典鸡尾酒之前，人们都称它为"威士忌鸡尾酒"（名副其实）——杰瑞·托马斯在1862年出版的《怎样调制饮品——美食达人指南》中写道：

1 块 5 厘米的橙皮

1 块红糖方糖

5 毫升糖浆

用滴瓶甩 2 滴鲍勃·阿尔伯特苦精

60 毫升活福珍藏波本威士忌

取一只岩石玻璃杯，把橙皮放在杯底，然后放入方糖、糖浆和苦精。用捣碎棒或者擀面杖，或者其他类似的工具，把方糖捣碎并捣进橙皮里面，这么做的目的是让糖能够充分溶解，并且在杯子里浸出一些橙皮油。花 1 分钟的时间来溶解糖，这时间花的非常值得，如果糖没有溶解的话，那你喝到的酒就不够甜了。

•

往杯中倒入威士忌，并加入一些冰块，然后充分搅拌 2 分钟（只有搅拌足够长的时间才能够使鸡尾酒达到理想的稀释程度和温度），然后就可以上酒了。

✦

用滴瓶甩 3~4 滴树胶糖浆，2 次博克苦精，1 杯威士忌。

在杯里装入 1/3 杯碎冰，摇和均匀后过滤到一个精美的红酒杯中。放上一块扭拧柠檬皮卷做点缀。

乙酸异戊酯古典鸡尾酒

这个古典鸡尾酒的改进版本是基于杰克·丹尼尔的一款鸡尾酒，凭借这款酒我入围了 2011 年的年度经典调酒师（最后获胜了）。这种酒以一种叫作乙酸异戊酯（一种味道强烈的微粒）的酯类物质命名，这种酯类物质的香气就出现在杰克·丹尼尔的 7 号古典鸡尾酒中。这种酯类具有香蕉的香气，如果你曾经吃过香蕉味的糖果，那么你可能会觉得它吃起来像指甲油（如果你是个女孩）或者做飞机模型用的胶水（如果你是个男孩）。这是因为人工合成的乙酸异戊酯常常被用来制作香蕉味的糖果和奶昔，或者用作

胶水和指甲油的溶解剂。

有趣的是，蜜蜂告警信息素也是乙酸异戊酯。信息素就是蜜蜂蜇了你之后在空气中释放的一种物质，用来吸引其他的同类一起来蜇你。

杂醇油是一种能够为酒精增添风味的物质，戊醇就是杂醇油中的一部分。当酒精里的戊醇与酸发生反应时，就会产生乙酸异戊酯，这个过程叫作酯化反应。波本威士忌的发酵、蒸馏和陈化过程中蕴含着几千种化学反应，这些化学反应能够生成这种复杂的风味混合物。

关于这款酒，我想发挥一下香蕉的风味，并且用一种田纳西（杰克·丹尼尔的家乡）风格来呈现它。既然古典鸡尾酒只有 3 种成分，改动的空间就很小了，所以我要在糖浆和苦精上做些文章来满足我的需求。

首先，我先要做一些香蕉味的糖浆。现在，我们有几个选择，第一个方法要用到离心机。离心机把液体高速旋转，利用重力的

乙酸异戊酯古典鸡尾酒

◆━━━━━◆━━━━━◆

香蕉糖浆

200 克（精制）砂糖

200 克香蕉干

400 毫升水

50 克清澈的蜂蜜（不要把蜜蜂也带进来）

•

把砂糖和香蕉干一起放入食物料理机中打成粉。迅速把打成的粉放入密封罐中，然后放在冰箱里冷藏至少 2 天时间。

•

把香蕉糖粉和水放入锅内微微加热，熬成糖浆状，并确保糖充分溶解。趁热将混合物用平纹过滤布把香蕉过滤出来，然后趁热放入蜂蜜搅拌。最后装瓶放入冰箱存放 4 周。

胡桃苦精

40 克烤胡桃瓣 • 15 克牛蒡根 • 10 克柚子皮 • 10 克橙皮

5 克肉豆蔻碎 • 5 克香草种子 • 5 克龙胆花 • 5 克肉桂粉 • 3 克大茴香 • 3 克丁香 • 2 克盐

2 克小豆蔻种子 • 400 毫升高浓度烈酒（如 Wray & Nephew 白朗姆酒就很好）

把除了烈酒之外的所有材料放入食物料理机或香料搅拌机中研磨成粗粉，然后加入烈酒。把混合物装入酒瓶或罐子中进行浸渍，时间至少要 2 周。（如果想要缩短浸渍时间，可以使用奶油枪给浸渍液加压的方法——见第 30 页。）浸渍完成后，用咖啡过滤器进行过滤，然后装入滴瓶中，可以存放多年。

乙酸异戊酯古典鸡尾酒

50 毫升杰克·丹尼尔 7 号古典威士忌

12 毫升香蕉糖浆

用滴瓶甩 2 滴胡桃苦精

•

把所有材料倒入冷却过的古典鸡尾酒杯中，然后加入一块手敲冰，搅拌 9 秒即可。

◆━━━━━◆━━━━━◆

原理使液体中的物质根据不同的密度而分离——这是一种最极致的制作香蕉糖浆的方法。我可以在温水中捣碎几个香蕉，然后把香蕉泥放入离心机，把水分从香蕉泥中分离出去。这样我就可以得到香蕉味的水，可以用来给糖浆调味。

还有一个成本更低，甚至还可能更有效的方法就是使用干香蕉。把风干的香蕉和糖长时间存放在一起，糖会沾上很浓的香蕉味，这种方法要比使用离心机简单多了。

我还试过把香蕉干和糖混在一起研碎，然后把它们一起放入密封罐中保存1周的时间。在打开密封罐的时候，我闻到了浓郁的香蕉味，所以我不得不加快调酒的速度，防止香气流失。我在里面加了一些水，开始提取香蕉的香味，让这种美妙的挥发物充分释放在水里，然后稍微加热一下溶液，使糖充分溶解，但是香蕉却变成糊状了。用平纹过滤布把香蕉过滤出来，剩下的就是浓郁的香蕉糖浆。太完美了！

我之前说过想要把这款酒呈现出著名的田纳西风格，我在脑子里搜寻了几分钟，想到了田纳西胡桃和香蕉面包。这看起来是一种完美的搭配：把我的香蕉糖浆和充满激情的自制胡桃苦精结合在一起，这样反而可以完美地掩盖威士忌中的玉米风味。

要自制苦精，你只需要做一些认真的测量工作，精选一些材料，然后加一点耐心就可以了——这真的非常简单。首先，选一款比较烈的酒，用来提取风味——用高酒精含量的朗姆酒就可以。（酒的味道不重要，相信我，因为不管它是什么味道，最后都会被制作苦精用的根、树皮和香料的味道盖住的，这些东西的味道可比酒的味道强十倍。）把你准备的香料放进酒里，然后密封保存几周。你也可以选择把每种材料单独浸泡，最后把几种苦精调和在一起，调出最佳的口味。

罗伯罗伊

◆

50 毫升苏格兰威士忌

25 毫升马天尼红威沫酒

用滴瓶甩 2 滴（2 毫升）橙味苦精

1 块扭拧橙皮卷，装饰用

•

把所有材料混合在一起，放入冰块搅拌 90 秒。然后过滤到冷却过的碟形杯中，放入一小块扭拧橙皮卷做点缀。

•

注意：如果你喜欢偏甜的口味，可以加一些糖浆，或者使用其他种类的威士忌。

◆

罗伯·罗伊·麦克乔治（Raibeart Ruadh 在盖尔语中是"雷德·罗伯特"的意思）据说是 18 世纪早期的一个亡命之徒，是苏格兰版本的罗宾汉，他手持一把利剑和一张弓，想要跟那些比他有钱的人们一较高下——基本上就是想跟每个人都打上一架。我用尽所有想象，也无法把这个满头红发的男人（因为他的名字里有"Red"这个词，音译为雷德）和这种精致而完美的鸡尾酒联系在一起……直到 1894 年发生了一些事情才让它们有所联系。

在"雷德·罗伯特"死后 150 年，美国作曲家雷金纳德·德·科文把雷德·罗伯特的生平故事写成了一部小歌剧——罗伯罗伊歌剧。在 19 世纪后期，以新的音乐剧或戏剧来命名新创作的鸡尾酒是十分常见的事（这种命名方式延续到了电影院流行的早期阶段，比如血与沙鸡尾酒、葛丽泰·嘉宝鸡尾酒，以及梅·韦斯特鸡尾酒）。据说这款鸡尾酒是在纽约的华尔道夫酒店被创作出来的，而这座酒店就在先驱广场的转弯处，罗伯罗伊歌剧的第一次公演就是在这里。

罗伯罗伊和曼哈顿之间一个最显著的区别就是，历史上所记载的罗伯罗伊使用的都是橙味苦精，而不是曼哈顿中所使用的安格斯特拉苦精或博克苦精。用橙味苦精可以为鸡尾酒带来淡淡的清新感，与不同种类的苏格兰威士忌搭配，还能让鸡尾酒的口感更加明快，避免像曼哈顿那样偶尔会产生甜腻的口感。

"英斯达陈化"罗伯罗伊

有一次我和一个朋友在聊关于怎样从威士忌中提取"陈化精华"，就在这时候有了这款鸡尾酒的灵感。回顾那次的聊天，我想可能是因为内森·梅尔沃德（2010年出版的《现代烹饪》一书的作者）在几年前提出的一些事情而引发的。最理想的提取过程需要用到旋转式蒸发器，因此就只能局限于有这种工具的人才能用这样的方法。但是我还是想要介绍一下这个酒谱，因为它的概念真的非常棒。

前提是你要把威士忌重新蒸馏一次，把较轻的酒精从威士忌中分离出来，留下较重的不能蒸发的具有甜甜的橡木香味的物质。在收集槽中留下的物质跟伏特加没有什么不同，而在蒸发烧瓶中你会发现一些浓缩的威士忌精华！这种精华可以用来给任何食材调味，从冰淇淋到肉馅、羊肚都可以，或者也可以用来给鸡尾酒或烈酒加入陈化效果。

把鸡尾酒和陈化精华搭配在一起这个想法真是太棒了！我们可以用移液管或者另外单独用一个容器来盛放陈化精华，但是我还有另一个想法，为什么不能把陈化精华冷冻成锭剂呢？我可以按普通的方法调制鸡尾酒，但是用苏格兰威士忌馏出液代替常规的苏格兰威士忌，然后把冷冻好的陈化精华锭剂放进酒里，慢慢融化，同时还能冷却和陈化鸡尾酒。这个过程就像是经历了鸡尾酒的一生。

制作"陈化精华冰块"的时候，先用旋转式蒸发器（见第50页）蒸馏一瓶高地公园15年威士忌，最后可以得到像伏特加一样的馏出液和黏稠的陈化精华。一瓶苏格兰威士忌（700毫升）可以馏出600毫升的馏出液——足够调制12杯鸡尾酒了。陈化精华冰块的数量也要跟鸡尾酒的杯数相等，这样在冰块完全融化后，威士忌就能够变回它原本的状态。因此我在100克的陈化精华中加入了100毫升的水和20克糖，然后把混合液倒入12个独立的冰格，每个冰格大约倒入15克的量，然后放入冰箱冷冻。

如果你想要在家尝试制作这种陈化精华，可以用平底锅减量制作。但是这种做法并不理想，因为做出来的陈化精华的风味会打折扣，而且需要低温加热大约10个小时（这样才不会着火）。

鸡尾酒的部分，我用的是50毫升苏格兰威士忌馏出液，25毫升干霞比安科味美思（Vermouth Gancia Bianco）和4滴鲍勃·阿尔伯特苦精。我选用干霞比安科味美思，是因为它具有很好喝的甜甜的味道，而且几乎是完全澄清的，利用这一特点可以完全突显出陈化精华冰块融化时，鸡尾酒的颜色变化（以及陈化程度的变化）。我把所有的材料混合好，并放入普通冰块搅拌90秒，然后过滤到一个冷却过的碟形杯中。把陈化精华冰块放入调好的鸡尾酒中，然后就可以在接下来的10分钟里欣赏威士忌在你眼前呈现出魔法般的陈化过程了！

对于这款酒我们还可以做一点变动，就是不稀释陈化精华，直接放入冰箱冷冻。这样你会发现鸡尾酒比它原本的陈化年份还要高！

朗姆酒

没有一种烈酒或者饮料比朗姆酒与现代文明的形成联系更紧密的了。这种酒曾经被当作公海海军的军舰燃料长达 300 年之久，还对一个民族的人口买卖和奴役有促进作用，甚至还影响了政府政策和税收，最终引导世界上最有力量的国家走向独立。

朗姆酒的故事从新世界的殖民时期开始。在 1501 年，也就是哥伦布第一次航海 9 年之后，人们第一次在伊斯帕尼奥拉岛（现在的海地和多米尼加共和国）成功种植了甘蔗。甘蔗的增长十分疯狂，引起了多米诺效应：在 100 年里，美国东海岸的多数岛屿以及加勒比海的几乎每个岛屿都有甘蔗农场。

这场蔗糖的革命需要大量的劳动力，而"地狱三角"也需要劳动力。蔗糖及其副产品在当时的国际贸易平台上是最具价值和最热门的商品。在很多时候，奴隶生产的朗姆酒都被拿来直接与象牙海岸的首领交易，以换取奴隶，进而加强了朗姆酒对于奴隶贩卖的支配作用。

16 世纪中期，在葡萄牙的殖民地巴西，人们开始蒸馏卡萨莎甘蔗酒——这是一种用甘蔗汁发酵而成的未经加工的朗姆酒。后来，法国在加勒比海的马天尼克岛实行殖民统治，也生产卡萨莎甘蔗酒，并把它命名为"农业朗姆酒"。英国和西班牙的殖民地则是把珍贵的甘蔗汁保存起来，用来生产有价值的粗糖。但是，在制糖的过程中会产生一种副产品——黑蔗糖浆，这种黏稠得像糖蜜一样的副产品并没有什么别的用处，但是可以用来发酵蒸馏，制成朗姆酒。

"rum"（朗姆酒）这个词本身的起源可以追溯到 17 世纪中期，好像是来自德夫尼什语的 "rumbullion"（指一场严重的骚乱）。另一种词源的解释是来自拉丁语中一种叫作 "sacharum" 的糖的名字，又或者是来自荷兰的一种叫作 "rommer" 的酒杯的名字。

1655 年，美国宾夕法尼亚州的创建人，海军中将威廉·佩恩在他的英国海军舰队中宣布了士兵可以喝的朗姆酒的定量。在他们横穿大西洋的远洋航行中，随船来的啤酒和葡萄酒都消耗完了，在夺下了牙买加岛后，他们发现朗姆酒是一种便宜又丰富的选择。到了 17 世纪末期，定量朗姆酒（小杯朗姆酒）变成了一种主要补给品，一直延续到 1970 年。朗姆酒的定量和酒精度随着时间的推移而渐渐降低，其中最显著的变化是在 1740 年，海军上将爱德华·弗农把朗姆酒的每日定量减半，只剩下约 0.5 升，并且用水和橙汁对朗姆酒进行稀释（这可能就是最初的戴吉利鸡尾酒，见第 158 页至第 159 页），因为弗农意识到英国舰船上的醉酒程度有所升高。水手们当然不喜欢了，那时候弗农有一件厚厚的外套，他们就用外套的名字给这种酒命名为"格罗格"。不过加入了青柠汁或柠檬汁（富含维生素 C）后，船员中患上坏血病的情况大大降低了，挽救了无数生命。

同时，殖民地也发生了一些令人沮丧的事情。北美严格的法律，以及针对糖浆和蔗糖（生产朗姆酒必备的原料）征收的重税刺激了制酒行业的革新。美国独立战争正式开始了。

在 19 世纪，朗姆酒成了一个肮脏的字眼。作为禁酒运动的替罪羊，人们把它称为"朗姆恶魔"。到了 20 世纪，朗姆酒的地位被金酒、威士忌和白兰地所取代——但是朗姆酒也在等待属于它的时代。1920年禁酒令席卷美国，加勒比海成了许多美国人理想的避难所。当地炎热的气候、拉丁美洲的气息，还有流水般的朗姆鸡尾酒，使得像古巴这样的岛国成为许多热衷于派对的人们的首选目的地。随着提基文化的兴起，朗姆酒带来的热带生活方式和闲适的生活态度一直延续到20世纪40—50年代。

莫西多

莫西多鸡尾酒的搅拌棒轻轻一搅，可以轻而易举地毁了你的夜晚——"伙计，来五个莫西多"——你在接下来的十分钟里（如果你调酒的速度跟我一样慢的话）就开始在熟悉而乏味的捣薄荷叶、挤青柠汁和堆碎冰塔的过程中虚度光阴了。如果你试着想要卖给他们别的鸡尾酒，他们几乎都不大愿意，这一点也不奇怪。这种鸡尾酒如果调制得当的话，真的非常好喝，它能够唤起你许多美妙的回忆，比如无尽的夏日、你的好朋友、没有烤透的香肠。

为什么人们对莫西多如此钟爱呢？到底是什么让它这么受欢迎？我们可以从它令人难以置信的清新感说起，这款用青柠汁、苏打水、白朗姆酒和薄荷叶调出来的清新鸡尾酒加入了薄荷脑的冰凉感觉。薄荷本身能给人带来无比的新鲜感，还能让人产生一种既健康又营养的错觉。调制莫西多有几个关键的例行步骤：轻轻地捣薄荷叶，挤青柠汁，然后堆碎冰塔。这是一款量身定做的鸡尾酒，它不是用机器打出来的（偶有例外），也不是放在纸箱里包装好供应的，每一杯漂亮的莫西多都是用爱、关心和感情纯手工调制出来的……

莫西多、柯林斯以及菲士类鸡尾酒的配比原理都是一样——4份烈酒、2份酸味、1份甜味，然后从顶上倒苏打水。但是朗姆酒、青柠汁和糖之间的紧密联系尤其特殊，这三种材料之间有互通共生的关系。

如果对莫西多追根溯源，要从16世纪

10 片新鲜薄荷叶，外加一束大薄荷枝，装饰用

50 毫升百加得超级朗姆酒

25 毫升新鲜青柠汁

12.5 毫升糖浆

苏打水，最后灌满酒

◆

把薄荷叶放在冷却过的高球杯底部，轻轻捣一下。（如果捣薄荷叶时用力过大，会释放出叶绿素，这样会使鸡尾酒变苦，而且会遮盖住幽幽的薄荷脑香气。我们只要能让薄荷叶表面的绒毛软化就可以了。）

加入朗姆酒、青柠汁和糖浆，轻轻搅拌，然后加入一些碎冰。再搅拌一会，并继续加入碎冰，直到杯子被加满。把所有材料都搅拌充分，并加入少量苏打水。最后用大量碎冰盖住杯顶，然后在上面插一束薄荷枝做点缀。（上酒之前把装饰用的薄荷叶放在手掌里拍一拍，使薄荷叶释放出香气。）

莫西多的曾曾曾祖父埃尔·德雷克开始谈起——这款酒是以弗朗西斯·德雷克爵士命名的，是由英国侵略者理查德·德雷克创作的。资料显示埃尔·德雷克基本上就是莫西多——青柠汁？有，薄荷？有，糖浆？有，烧酒？呃……哇，这是什么？历史告诉我们为人熟知的朗姆酒在17世纪以前是不存在的。在朗姆酒出现之前，人们都是喝烧酒的。就好比家里一大堆兄弟姐妹惹了麻烦，被关在房间里面不许出声，而烧酒就像是兄弟姐妹里的老大。

自从埃尔·德雷克酒出现之后，青柠汁和薄荷总是搭配出现，这一点也不稀奇，在所有类似的鸡尾酒中，莫西多的构成最为简单，因为一切似乎都是顺其自然。莫西多这个名字的词源还不得而知：它可能是从西班牙语中的"mojadito"（意思是"有点湿"）一词得来的，或者也可能是由一种用青柠汁和薄荷做成的调味汁"Mojo"发展而来的。布兰奇·德·巴拉特在1931年出版的古巴美食书《热带美食的烹饪秘诀》中有一份关于古巴饮料的附录，里面记录了一份"朗姆鸡尾酒（古巴Mojo）"的酒谱，这个酒谱明显就是莫西多。1934年，第一杯"莫西多"诞生在著名的哈瓦那邋遢酒吧（Sloppy Joe's bar），也叫作"世界的十字路口"。

现在，街中小酒馆声称他们是莫西多在古巴哈瓦那的精神家园。深入研究一下历史就会发现，街中小酒馆的莫西多其实很不怎么样（很遗憾）。如果你刚好去过这间酒吧，应该会看到成堆的用棍棒捣过的薄荷枝，瓶装的青柠汁或者什么汁，还有大量的朗姆酒。话虽如此，但想到街中小酒馆整个下午都在雪茄的烟和朗姆酒的雾里笼罩着，也不能再苛求什么了。记得在离开酒吧之前要尽量清醒，至少能看清楚墙上的标志吧。

克拉洛雪茄莫西多

莫西多里有薄荷叶，因此不适合用吸管饮用，这始终是个遗憾。并不是因为我想要把薄荷叶塞进我的牙缝里，而是因为这种富含新鲜薄荷脑的植物会一直留存在你的味蕾上，使你接下来喝的每一口都有可能带来味觉上的爆发。考虑到这一点，我使用一些不同的技术，创作了这个莫西多终极版。我的创作灵感来自埃本·弗里曼（纽约）、树莓酒吧（爱丁堡）以及我自己的一些发现——用这份酒谱调出的是 4 份克拉洛雪茄莫西多。

我用旋转蒸发器处理朗姆酒。首先把500 毫升百加得超级朗姆酒和一把新鲜薄荷叶放在一起蒸馏，把旋转蒸发器的温度保持在 30℃（压力大约是 3 千帕），收集 90% 的馏出液。我用普通的朗姆酒缩短了蒸馏过程，直到薄荷的香气达到预期的程度。这样做使鸡尾酒中的薄荷香气变得很浓郁。

至于那些额外的引起味觉爆发的薄荷脑，我用的是一种可食用的薄荷球。这种绿色的小球视觉上非常突出，吸入吸管后能尝到薄荷风味。球化技术的益处就是小球内部保存着液体，液体接触到味蕾的时候，风味就爆发了！

要制作薄荷球，首先要把 50 毫升薄荷百加得超级朗姆酒、1 毫升胡椒薄荷香精、1毫升绿色食用色素、100 毫升水都混合在一起（食用色素不是关键，但是我可以向你保证绿色的东西吃起来薄荷味更浓）。用搅拌棒或打泡器搅打，同时在表面缓慢加入 1 克褐藻酸钠粉。当所有粉状物质都消失后，我把溶液放入冰箱中冷藏过夜，使其完成水合作用。

在准备调制鸡尾酒时，我在一个短饮杯中把 1 克氯化钙溶解在 200 毫升水里，然后用注射器把薄荷褐藻酸钠溶液缓慢滴入氯化钙浴中，一次一滴（做 50 个小球，足够 4人份的量），然后把小球从氯化钙浴中过滤出来，并用冷水冲洗。

这样做出来的薄荷球看起来非常醒目，我还用琼脂把青柠汁先进行澄清，去除里面的浑浊成分。（见第 39 页至第 41 页关于澄清的章节介绍。）

制作莫西多，我把 100 毫升青柠汁、200 毫升薄荷朗姆酒和 50 毫升糖浆混合在一起，然后把它们放在冰箱里冷藏备用。

我希望清晰度和对比度成为这款酒的一大特点。为了达到这一效果，我不打算用冰块了，而是使用透明冰，不过此时我有更高的目标，就是调制出一杯完全澄清的悬浮着绿色小球的鸡尾酒。最大的一个挑战就是怎样使薄荷球从上到下分布在鸡尾酒里。液体中的颗粒物要么沉底，要么浮在表面，也就是说这些薄荷球要么在你喝下去的第一口就全部被你喝进去，要么等到最后一口全部被你喝进去，这样不太好。为了达到我要的效果，我改变了鸡尾酒的黏度。有几种水状胶体可以选用，我选用了黄原胶，这种水状胶体在少量使用的情况下可以明显提高液体的黏度，使薄荷球可以悬浮在鸡尾酒里，并且不会对鸡尾酒的质地产生明显的改变。使用黄原胶最大的好处在于无须加热就能发生水合作用，因此不会存在鸡尾酒因过度加热而被破坏的风险。1 升莫西多使用 1 克黄原胶就足够达到使薄荷球悬浮的效果。我发现黄

原胶在液体中搅拌均匀后，还很容易把小的气泡保存在液体里。要避免产生气泡，最好的方法就是把液体放入真空箱，通过降低气压的方法除去液体中的气泡，这非常有效。

找一个小的高球杯，把 80 毫升冷却好的莫西多鸡尾酒倒入杯中，然后倒入 40 毫升苏打水。我在每杯莫西多中加入 12 颗薄荷球，然后轻轻搅拌，薄荷球既不会沉底，也不会浮上表面，而是在酒中保持悬浮状态。

戴吉利

如果有人曾经在西蒙·迪弗德（《迪弗德的鸡尾酒指南》的作者）家度过一个夜晚，那真是非常幸运，他应该有机会见识过"戴吉利调酒练习"，这个练习通常是调制一杯完美的不加冰的戴吉利，然后进行品尝和比对，得出结论。这款鸡尾酒只有 3 种成分，所以这种练习看起来似乎毫无意义，但是只要配比差之毫厘，最终调出的鸡尾酒口味就会谬以千里。这就是为什么调这种酒需要进行一次又一次的练习。

许多人都会告诉你戴吉利鸡尾酒是一个在古巴工作的美国工程师在 20 世纪初创作的，他的名字叫简宁·考克斯。这很可能是真的，因为在当时有许多关于他的文字资料可供参考。许多朗姆宾治都含有朗姆酒、青柠汁、糖浆和水，真的是这样吗？你只要看一下巴西国酒——凯宾林纳鸡尾酒，就会发现它简直就是戴吉利的表弟，因为它包含了戴吉利鸡尾酒的所有成分，都另外加了冰块。

当然，海明威对于戴吉利鸡尾酒的推崇备至，也使得戴吉利在鸡尾酒名人堂里获得了坚定的席位。他有一句很著名的话："我喜欢街中小酒馆的莫西多，小佛罗里达酒吧的戴吉利"，小佛罗里达酒吧是他在哈瓦那时最喜欢去的地方（甚至到现在，酒吧里还放着海明威的全身雕塑）。事实上，小佛罗里达酒吧靠近美国东海岸的圣迭戈城区，尽管距离发明戴吉利鸡尾酒的地方还有 500 公

50 毫升百加得超级朗姆酒

12.5 毫升新鲜青柠汁

7.5 毫升糖浆

5 毫升水

1 块青柠，装饰用

·

把所有材料混在一起，放入冰块后摇匀，然后过滤到冷却过的碟形杯里。用一块青柠插在杯边做装饰（如果需要的话，可以用来调节鸡尾酒的酸度）。

里，但这家酒吧还是自称是"戴吉利鸡尾酒的发祥地"。如果你现在在小佛罗里达酒吧点一杯戴吉利，八成调酒师会用大号的碟形杯给你上一杯不知道是什么东西的酒。但是如果你表现得专业一点，告诉他你要一杯原始戴吉利，或者"爸爸的渔船"，那么他（通常会很小气地）会给你调一杯很棒的酒（很贵），但是物有所值。

我在古巴喝到过的最棒的戴吉利是两世界酒店的屋顶酒吧提供的用葡萄酒杯盛装的戴吉利，屋顶酒吧跟小佛罗里达酒吧分别在主教大街的两头。古巴的鸡尾酒大多都太甜了，但是我记得那里的戴吉利味道平衡得很好，凉凉的，没有被过度稀释过，配合轻柔的爵士乐和古巴的夕阳，真是最完美的开胃酒了。

起泡戴吉利果汁冰糕

如果在哈瓦那的屋顶酒吧度过一个下午，只有一种东西会毁掉这段时光，就是热

的戴吉利。我来介绍一款达到低温极限的饮品。在酒精度 30% 的情况下，这种低温极限几乎可以让因纽特人哭出的眼泪直接冻成冰，很容易让人滑倒。你可能试过许多让人提起精神的办法，但是下面说的这种办法可能是你试过的最简单的一种。

通常，冰块可以用来冷却物体，干冰的效果则更好（相关信息和安全提醒见第 42 页至第 43 页）。通过干冰不可思议的冷却能力，我们可以把戴吉利冷冻成固态（用家用冰箱是无法达到这种效果的）。把鸡尾酒倒入立式搅拌机里，我就可以控制冰球的形状，把鸡尾酒冷冻成起泡果汁冰糕。

"爸爸的渔船"通常都会用到柚子汁和一点点黑樱桃利口酒，所以我还在果汁冰糕里另外加了几种料，向海明威的"爸爸的渔船"戴吉利献上敬意。

这款鸡尾酒非常适合在开派对的时候供应，因为它可以用立式搅拌机批量制作，而且需要的时候还可以进行二次冷冻。

起泡戴吉利果汁冰糕

◆

超浓黑樱桃利口酒
100 克完整的（未去核的）黑樱桃 • 500 毫升白朗姆酒

200 毫升水 • 500 克糖

整个柠檬的柠檬皮 • 整个小橙子的橙皮

•

把樱桃、朗姆酒和水放入重型搅拌机，用间断研磨的方式搅拌成糊状。静置 1 天，然后用平纹过滤布过滤，滤出的果汁风味越浓越好。如果滤出的果汁中仍然含有颗粒物或者樱桃肉，可以尝试用咖啡滤纸进行过滤。

把柠檬皮、橙皮和糖放入果汁，然后加热或者 65℃真空低温加热 1 小时（见第 29 页至第 30 页），然后放凉，过滤，装瓶，放入冰箱冷冻 1 个月。

•

注意：如果你没有重型搅拌机，小型搅拌机也能够满足要求，甚至能够搅碎樱桃核，比如Blendtec。你可以把樱桃浸渍 2 周，以达到同样的目的（见第 28 页至第 30 页）。

起泡戴吉利果汁冰糕
500 毫升百加得超级朗姆酒 • 100 克碎冰

100 毫升新鲜青柠汁 • 50 毫升糖浆

5 克正方形柚子皮薄片 • 2 克盐

大约 200 克干冰丸 • 超浓黑樱桃利口酒

•

10 人份的量

•

把朗姆酒、碎冰、青柠汁、糖浆、柚子皮和盐放入罐中，放入冰箱冷藏 1 小时。

•

把冷却好的液体放入立式搅拌机，并放入干冰，低 / 中速搅拌。随着液体被冰冻，提高搅拌速度，继续搅拌直到所有的干冰都蒸发掉。

•

用勺挖进冷冻过的碟形杯中，淋上超浓黑樱桃利口酒。

◆

迈泰

25 毫升三河白朗姆酒（Trois Rivieres Blanco Rum）• 25 毫升
美雅士牙买加朗姆酒
12.5 毫升库拉索利口酒 • 25 毫升新鲜青柠汁
8 毫升杏仁糖浆 • 8 毫升糖浆
1 块菠萝角和 1 颗樱桃，装饰用
一点高浓度朗姆酒

把所有材料混在一起，放入冰块摇匀，然后过滤到
冷却过的岩石杯里，最后加入碎冰。用一块菠萝角
和一颗樱桃点缀，最后在上面倒一些高浓度朗姆酒。

人们经常认为迈泰是一款果味长饮宾治酒，其实不然。其实它是一款非常烈的鸡尾酒，基于加了冰块的戴吉利，额外加了一些材料。

迈泰的起源在两个人之间争执不下，"商人维克"维克多·朱尔·伯杰隆和"比奇科默先生"厄内斯特·雷蒙德·博蒙特·甘特。种种迹象都指向商人维克，他可能是真正的创始人，在 1944 年创作了这款鸡尾酒。但是唐·比奇科默先生声称在 10 年前，也就是 1934 年他就已经创作了这款酒。故事是这样的，一天晚上，商人维克在款待塔希提客人，当他为大家上了一杯尚未命名的迈泰时，其中一个客人大喊 "Mai Tai-Roa Aé"，这是一句塔希提语，意思是"世界上最好的"，因此维克就给这款鸡尾酒起名叫迈泰。

比奇科默先生的酒谱与维克的酒谱大相径庭，虽然调出的酒也不难喝。他的酒谱中包含了维克酒谱中的大部分材料，另外加了柚子、苦精、法国茴香酒、法勒诺姆（Falernum，一种调香的低度甜香酒），还有一点水。如果进行更深入的研究，还能发现更多的迈泰版本，从菠萝汁和苦精到马利宝椰子朗姆酒和柠檬水，不一而足。事实上，迈泰鸡尾酒是当时最受人追捧的鸡尾酒，因为当时美国的提基文化正在回归，迈泰的流行也就不难理解了。

现在，美国人乘飞机旅行和使用空调都已经成为现实，想要到具有异国风情的地方体验完整而特别的文化特点同样也可以成为现实。那些对比奇科默先生和商人维克感兴趣的人们在城市里开辟了这样的所在，整个北美到处都有。这些用漂流木和棕榈叶搭建起来的酒吧里，到处都挂着渔网，整个酒吧就用一个河豚灯来照明。不可否认，提基文化是最早的，同时也是最好的多重感官饮酒体验。

我在酒谱中列出的两种朗姆酒是为了效仿 Wray & Nephew 17 朗姆酒，当初维克用的就是这种朗姆酒。Wray & Nephew 17 朗姆酒已经停产很久了，即使是维克自己也不得不将马天尼朗姆酒和牙买加朗姆酒混合在一起，以模仿原来的风格。

美拉德泰

如果你打算在家里自制一杯上乘的迈泰，需要准备几瓶好的朗姆酒，库拉索利口酒和一些青柠，这应该不难吧。再准备一瓶杏仁糖浆，能做出一些意想不到的效果。

杏仁糖浆是杏仁口味的奶白色糖浆。这种糖浆跟其他糖浆不同，因为它是用杏仁露制作的，通常含有玫瑰水或者橙花水。杏仁糖浆"orgeat"这个词来自法语的"orge"（大麦），通常在生产糖浆时会用到。问题是通常市场上能买到的杏仁糖浆都是甜的或乏味清淡，而且通常没什么新意，因此我打算自制杏仁糖浆。

这款酒的名字来源于"美拉德反应"，是一连串复杂的化学变化，在你做吐司面包、煎牛排或者烤土豆的时候会发生这种反应。美拉德反应也被称为"褐变反应"，以法国化学家路易斯·卡迈勒·美拉德命名。美拉德风味被认为是源自食物被加热时，糖和氨基酸之间发生的一系列复杂的反应。至于这款鸡尾酒，我打算在经典的迈泰鸡尾酒中额外加入一些褐色多汁的味道。

美拉德泰

◆

棕色杏仁糖浆

20 克全麦芽・20 克黄油

800 克精制白砂糖・1 升未加糖的杏仁露

2 克盐・5 毫升橙花水・20 毫升伏特加

•

把全麦芽、黄油和 20 克白砂糖放入煎锅中轻烤 5 分钟。把烤过的全麦芽倒入适用于压力罐装的大玻璃罐中，把杏仁露倒进去。密封后把大玻璃罐放在罐头架上，放入压力锅，并在锅里倒入 300 毫升水，加压煮 30 分钟。放压后用平纹过滤布把浸渍液趁热过滤出来。最后加入余下的糖、盐、橙花水和伏特加。装瓶后放入冰箱冷藏 1 个月。

美拉德泰

1 个青柠・1 茶匙红糖・25 毫升埃尔多拉多 10 年陈朗姆酒

25 毫升三河白朗姆酒・12.5 毫升柑曼怡・12 毫升棕色杏仁糖浆

1 片脱水菠萝（见第 38 页），1 片烤菠萝（用厨房喷火枪），装饰用

•

把青柠切成方块，然后在上面撒上红糖，用厨房喷灯烤制。把烤好的青柠放进摇酒壶，用搅拌棒捣出青柠汁。

把其余材料放入摇酒壶后，加冰块摇匀。把摇好的鸡尾酒过滤到岩石杯里，并倒入碎冰。用一片烤菠萝和一片脱水菠萝做点缀。

◆

鱼库宾治

　　一款鸡尾酒的成功和长盛不衰有时候跟它的名字有直接的关系。如果这是真的，鱼库宾治一定是一款非常好喝的酒，因为它的名字多年以来一直对于饮酒者产生很大的吸引力。

　　宾治酒比"鸡尾酒"的出现还要早200年。宾治酒"Punch"的名称很可能来自北印度语中的"panche"，意思是"五"，而标准的宾治酒酒谱中就含有5种材料。我们来掰着指头数一数，通常宾治酒都含有：一种烈酒成分（烈酒），一种长饮成分（茶、水、果汁），一种甜味成分（糖、利口酒），一种酸味成分（柑橘类水果），一种调香成分（苦精、草本植物、香料）。历史上有许多宾治酒酒谱，有些专门针对特定的人群、文化和钓鱼俱乐部。

　　1732年，美国费城的一群上流社会人士聚集在一起，建立了一个叫作"斯古吉尔河垂钓组织"的俱乐部。俱乐部位于斯古吉尔河岸边，他们钓到鱼的时候就会调宾治酒来庆祝。就这样，鱼库宾治诞生了。

　　传统的鱼库宾治酒应该用大宾治盆调制，里面放一大块冰块。但是这份酒谱却没有用宾治盆这样的大容器，因为它实在是一款很烈的鸡尾酒。

　　简单介绍一下桃子白兰地：桃子白兰地和桃子利口酒完全不一样。桃子白兰地口感更干，而且能够看见里面有桃子（许多利口酒里都没有桃子）。

金鱼鱼库宾治

　　用鱼缸代替宾治盆来盛放鱼库宾治酒，是一个很酷的点子，这一点用不着海洋生物学家来论证。不过把独特的玻璃杯换成透明

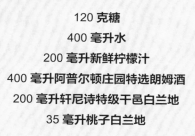

120 克糖

400 毫升水

200 毫升新鲜柠檬汁

400 毫升阿普尔顿庄园特选朗姆酒

200 毫升轩尼诗特级干邑白兰地

35 毫升桃子白兰地

·

10 人份的量

在饮用前一天，用塑料容器准备一大块冰。

把糖、水和柠檬汁倒入宾治盆，搅拌至糖完全溶解（糖在酒精和冰凉的液体中不易溶解）。把准备好的大冰块放入宾治盆，然后倒入朗姆酒、特级干邑白兰地和桃子白兰地。充分搅拌后盛入宾治杯中即可。

的塑料袋，塑料袋里面再放上金鱼形状的冰块（还有"鱼食"），这就需要发挥一点想象力了。

鱼库宾治的颜色是像泥水一样的棕色（因为里面含有柑橘、陈化朗姆酒和干邑），这颜色着实不好看，所以我们要想办法做一款澄清的鱼库宾治，看起来就像鱼缸里的水一样。2010 年，我曾经很幸运地尝过市场上出现的一种新的干邑，名字叫"Godet Antarctica 白干邑"。普通干邑至少要经过 2 年的陈化，而这种干邑要经过 7 年的陈化，在装瓶之前经过过滤，去除了酒里的颜色（但仍然保留干邑的特质）。市场上可以买到同样工艺生产的各种朗姆酒，我选用的是"Pampero 陈年白朗姆酒"，这是一种委内瑞拉朗姆酒，陈化 2 年后进行过滤，然后装瓶。

说到稻草颜色的桃子白兰地，我打算自

己制作，效仿"Godet"和"Pampero"的制作流程，用家用滤水器进行过滤，去除酒里的颜色。大多数过滤器都是用活性炭来去除颜色和杂质。活性炭有数不清的小孔，如果把 1 克活性炭完全展开，它的表面积会超过 500 平方米。这一特性使得活性炭具有超强的吸附功能，液体中微小的有色颗粒会被吸附在活性炭的褶皱里。这种过滤方式难免会去除一些风味物质，因此过滤的关键是要能去除有色颗粒，又不会过度过滤从而削弱口感和味道。

仿造的鱼食其实是风干的龙蒿叶，看起来很像真的鱼食，配合宾治酒里的柠檬和桃子，味道也非常棒，有一种八角茴香的香味，跟我喜欢用的苦艾香味相差无几。最后，柠檬汁需要用琼脂澄清（见第 33 页）才能看起来像水一样清澈。

金鱼鱼库宾治

◆

鱼食
10 克新鲜龙蒿叶

•

把龙蒿叶放在 40℃的烤箱中烘干，或者选择烤箱的最低温度模式烘干 6 小时（你也可以用脱水机）。

•

烘干后，用研钵把叶片研成大概 3 毫米大小的碎片。

鱼库宾治
400 毫升 Pampero 陈年白朗姆酒
400 毫升水 • 200 毫升 Godet Antarctica 白干邑
100 毫升过滤过的柠檬汁（见第 39 页）
40 毫升过滤过的桃子白兰地
100 毫升糖浆
鱼食

•

10 人份的量

饮用前一天用塑料容器准备一大块冰块，再用金鱼形状的冰格用水冷冻一些鱼形冰块。

•

把所有宾治酒的材料倒进一个小鱼缸里，然后加入大冰块和鱼形冰块。

•

准备上酒的时候，用勺舀 150 毫升宾治酒倒进小塑料袋里，再放入 2 块鱼形冰块。捏一撮鱼食放进去（你也不想让小鱼饿死吧），然后在每个塑料袋里插入一根吸管，然后把袋口扎紧密封。喝完之后可以直接把塑料袋扔进垃圾桶里。

◆

自由古巴

　　我已经听见后排朋友的叫喊声了，"这只不过就是朗姆酒和可乐而已"——但其实不是的，不是只有朗姆酒和可乐，是朗姆酒和可乐，还有青柠。

　　尽管我们对于这款酒已经非常熟悉了，而且毫无疑问，可乐是一种天才的发明，我敢说自由古巴也是一种十分复杂的饮品。无论是炎炎夏日还是寒冬腊月，我都喜欢喝这款鸡尾酒，这个事实让我无法忽略自由古巴的成就。

　　让我们来简要回顾一下可口可乐的主要口味——柠檬、橙子、青柠、肉桂、肉豆蔻、橙花油、薰衣草，还有芫荽，这一系列材料都可以跟朗姆酒很好地搭配起来。事实上，上述材料中的大多数都曾用在朗姆酒的制作中。这说明可乐和朗姆酒之间的密切关系不是偶然的。

　　这款鸡尾酒最初出现在人们的视线里是在美西战争时期，最后古巴解放了，摆脱了西班牙的殖民统治。然而，时间上并不完全吻合，因为1898年8月12日美西战争结束，而第一瓶可口可乐诞生在1899年。但不管怎样，要庆祝一场跟美国人联合作战的胜利，把古柯叶和可乐果做成的饮料和古巴朗姆酒混合在一起喝上一口，还有什么庆祝方式比这更好呢？

　　古巴内战打破了这个魔咒，古巴和美国之间的禁运令从20世纪60年代开始，从技术上来说，20世纪后期就很难再调制出真正的自由古巴鸡尾酒（古巴朗姆酒搭配真正的可口可乐）。当然，真正的自由古巴其实在20世纪初就已经不存在了，因为可口可乐对他们产品中的活性成分，以及他们的品牌能够"让人彻夜不眠"的能力感到焦虑，所以古柯叶后来被悄悄地被弃用了。

15 毫升新鲜青柠汁，外加青柠皮用来装饰
50 毫升百加得超级朗姆酒
150 毫升可口可乐

·

取一只高球杯，放满冰块。把半个青柠的青柠汁挤进杯子里（大约占 15 毫升），然后把剩下的青柠皮放进杯里。把朗姆酒和可口可乐倒进去，搅拌均匀即可。自由古巴！

自由古巴 1900

对于这款鸡尾酒，我打算把它塑造成完美的自由古巴，用白朗姆酒和最原始的可乐来调制，我说最原始的可乐是指尽可能模仿自由古巴被创作出来的那个时代的可乐。可口可乐的配方随着时间的推移在慢慢变化，我打算重现约翰·彭伯顿在 19 世纪后期发明的原始的可乐配方。一旦把可乐和朗姆酒混合在一起，我的自由古巴 1900 复制品就大功告成了。

可口可乐公司对于可乐配方的诺克斯堡级别的保护可以说是一个传奇了。但是如果你更深入更努力地挖掘，就会发现有很多时候，其实真相已经浮出水面了。1979 年，有一张来自一本老笔记的图片在《亚特兰大宪政报》上发表，奇怪的是，当时没人注意到这张图片上其实列出了"可口可乐改进版"

的配方，但是 30 年后，人们发现这张老笔记本的图片实际上包含了可口可乐的早期配方之一。

在这份酒谱中，有一种材料我找不来：古柯叶。可口可乐曾经含有古柯叶的自然萃取成分（古柯生物碱是制作可卡因的天然原料），但是在 1903 年，可口可乐中去掉了古柯叶。考虑到这一点，真正的自由古巴中很可能含有古柯叶的成分，因为自由古巴比可口可乐的出现还要早几年。

由于我无法在酒谱中使用古柯叶，我打算用罗勒叶和月桂叶代替。这两种叶子都含有丁香酚，这是一种天然的香味物质，有丁香的香气，而且还具有丁香的轻微的麻醉作用。这些叶子产生的作用可能可以模仿 100 年前古柯叶给人们带来的轻微的麻醉的感觉。

自由古巴 1900

◆

7X 风味

0.2 毫升（4 滴）橙皮油 • 0.1 毫升（2 滴）肉桂油 • 0.3 毫升（6 滴）柠檬精油

0.05 毫升（1 滴）芫荽精油 • 0.1 毫升（2 滴）肉豆蔻精油 • 0.1 毫升（2 滴）橙花油

50 毫升伏特加 • 2 克阿拉伯树胶

•

用手持搅拌棒或手持电动发泡器，把所有精油与伏特加和阿拉伯树胶混合在一起，确保混合物
完全乳化（看起来是黄色的雾状），静置后不会分层。

可乐配方

5 克干月桂叶粉末 • 7.5 克干罗勒叶粉末 • 25 毫升伏特加 • 8.5 克香草种子

1.35 千克糖 • 950 毫升水

95 毫升过滤过的青柠汁（见第 39 页）

5 克焦糖色素 • 6 毫升"7X 风味" • 8.5 克苹果酸粉 • 2.75 克咖啡因粉末

•

把研碎的月桂叶和罗勒叶泡在伏特加中浸渍 48 小时（你也可以用奶油枪来加速浸渍过程，见
第 50 页），然后用平纹过滤布过滤备用。

把香草种子、糖和水放入锅中小火加热 30 分钟，然后把香草种子过滤出来。

在搅拌机中加入 100 毫升香草糖浆，然后加入青柠汁、焦糖色素、7X 风味、苹果酸和咖啡因
粉末，再加 2.5 毫升月桂叶和罗勒叶浸渍液，搅拌均匀，然后把混合物倒入余下的香草糖浆中
搅拌均匀。把液体倒入玻璃瓶中，放入冰箱保存 1 个月。这个配方大概是 2 升可乐的量，足够
调出 12 升自由古巴 1900。

自由古巴 1900

50 毫升百加得 1909 号朗姆酒 • 25 毫升可乐

125 毫升苏打水

•

把所有鸡尾酒材料倒入高球杯中，放入冰块，然后用一块青柠装饰。

•

注意：你也可以把糖浆和水按照 1 : 5 的比例倒入苏打虹吸瓶中，加入气弹即可使用。

◆

菲利普

---◆---

50 毫升百加得 8 年朗姆酒

200 毫升黑啤酒

10 克糖

10 克糖蜜

少许豆蔻粉

•

把所有材料倒入大号的耐热啤酒杯中。注意距离杯口保持
2.5 毫米的距离，防止液体加热沸腾后溢出。把拨火棍在明
火、烧烤火或者煤气灶上加热，直到拨火棍被烧红。戴上护
目镜和隔热手套，拿起拨火棍，把烧热的一头放入鸡尾酒中，
随着液体泛起泡沫时慢慢搅拌。这时冒出的气味令人难以置
信。等酒不烫嘴的时候趁热喝。

---◆---

菲利普鸡尾酒可能是最早用朗姆酒调制的鸡尾酒。菲利普的出现可以追溯到 17 世纪中期美国作为殖民地的时期，同时也成为新世界殖民地饮酒文化很重要的一部分。

现在，人们在调制菲利普的时候通常都会加入一个全蛋，这是对不加鸡蛋的热饮鸡尾酒的一种改革。那么加鸡蛋这件事又是从何而来呢？最原始的菲利普是把朗姆酒、糖（或糖蜜）、麦芽酒和香料倒进一个大碗里，充分混合后用烧红的拨火棍搅拌加热。拨火棍对鸡尾酒有几种影响，其中一种就是让鸡尾酒有丰富的泡沫和奶油般的质地。后来，用拨火棍的方法看起来不太实际，人们就改用鸡蛋来做出同样的奶油质地。

但其实并没有什么东西能代替拨火棍，而且它给鸡尾酒带来的影响不仅仅是质地上的变化和加热的功能。

在菲利普流行的时代，在啤酒里加入啤酒花还不是一种常见的做法，许多啤酒都是用搅拌的方法生产的，偶尔会用一些苦味材料进行调味，比如植物的根、树皮、苦艾。这对于菲利普来说并没有那么关键，因为用一个滚烫的物体以这种激烈的方式对鸡尾酒进行加热，可以直接对酒里的糖分加热形成焦糖，从而调节鸡尾酒的口味和质地。因此，把鸡尾酒放在炉子上加热，跟直接用烧红的拨火棍加热所达到的效果是不同的。而且，这种激烈的加热方式还可以对鸡尾酒起到杀菌的作用（啤酒通常都比水的含菌量低），也就是说降低了出现问题的概率。把有香味的香料和强化丰富、质地温暖而又丝滑的朗姆酒结合在一起，这样就能把酒精变成有益于健康的良方，迅速融入血液。这是一款绝佳的冬日饮品，任何一桌客人都会喜欢，老少皆宜。

奇妙菲利普

我必须承认我是原味菲利普的超级粉丝。这款酒非常古老，但是仍然符合现代人的口味（尤其是近几年苦精特别受欢迎）。不过我也非常喜欢鸡蛋，所以如果不尝尝加了鸡蛋的菲利普，还有其他好喝的菲利普，那真是太蠢了。我的菲利普鸡尾酒使用传统的啤酒和朗姆酒，而且还会加入一些充满魔力的材料，让鸡尾酒充满生机，带来丝绒般的质感。这样的菲利普，除了是鸡尾酒之外，还是一种很好的甜点。

我使用的是萨凯帕23年朗姆酒，这是一种特别的危地马拉朗姆酒，用樱桃木桶进行陈化，因此这种酒具有坚果和干果的风味，可以和波特啤酒或司陶特黑啤完美搭配。黑砂糖富含糖蜜，可以让鸡尾酒变甜。佩德罗西曼奈斯雪莉酒（Pedro Ximenez Sherry）是一种含有许多干果的西班牙雪莉酒。在颜色方面，我打算用一些新鲜的甜菜根或者甜菜汁，甜菜不仅能做出漂亮的紫色，还能为鸡尾酒加入干涩的泥土气味。

最后，我打算用一些可以食用的蛋白霜做的蘑菇来布置鸡尾酒的氛围。有趣的是，这些蛋白霜蘑菇里根本没有鸡蛋！

奇妙菲利普

蛋白霜蘑菇

150 毫升水 • 2 克甲基纤维素 • 200 毫升甜菜根或甜菜汁

1 克黄原胶 • 1 克盐 • 60 克糖霜或糖粉 • 奶油

•

把水烧开，加入甲基纤维素，凉了之后加入甜菜根或甜菜汁、黄原胶和盐，倒入立式搅拌机搅拌。缓慢加入糖霜或糖粉，并搅拌至硬性发泡。用勺挖成锥形，放在油纸上，然后放入烤箱，温度调至 60℃，烤 10 分钟（或者用脱水机脱水）。

•

上酒时，把两块锥形蛋白霜块用奶油粘在一起，然后用注射器在每块蘑菇上点一些白点。

奇妙菲利普

50 毫升萨凯帕 23 年朗姆酒

1 个鸡蛋 • 50 毫升甜菜根或甜菜汁

75 毫升波特啤酒或司陶特黑啤（吉尼斯黑啤）

15 毫升佩德罗西曼奈斯雪莉酒

10 毫升黑砂糖糖浆

可可粉，装饰用 • 蛋白霜蘑菇，装饰用

•

把所有材料混在一起摇和 10 秒钟。过滤到另一个摇酒壶中，然后用起泡器搅打 10 秒钟，使鸡尾酒起泡。倒入高脚杯，撒上可可粉。搭配蛋白霜蘑菇就可以上酒了。

僵尸

◆

35 毫升牙买加黑朗姆酒 • 35 毫升百加得金牌朗姆酒

25 毫升红糖 151 朗姆酒（demerara 151 Rum）• 20 毫升新鲜青柠汁

15 毫升法勒诺姆 • 10 毫升柚子汁 • 5 毫升肉桂树胶糖胶

用滴瓶甩 2 滴安格斯特拉苦精 • 一点苦艾酒 • 一点石榴汁糖浆

半个百香果，1 片菠萝叶，1 块扭拧橙皮卷，装饰用

•

这款鸡尾酒可以搅拌，也可以兑和。搅拌的僵尸鸡尾酒酒劲比较小，只需要把所有
材料倒入搅拌机，加一勺冰，然后快速搅拌即可，搅拌均匀后倒入提基杯或长饮杯。

•

兑和的僵尸鸡尾酒，需要把除红糖 151 朗姆酒之外的所有材料倒入提基杯或高球杯，
加入冰块后搅拌，最后把红糖 151 朗姆酒从顶部倒进去即可。

•

这两种方法都可以，调好后放上半个百香果、一片菠萝叶和一块扭拧橙皮卷做点缀。

◆

围绕这款鸡尾酒，有许多关于那些不死
的、穿着破布的僵尸的传说和恐怖故事。僵
尸鸡尾酒这么多年获得如此高的盛誉，主要
是因为它的超高的酒精含量、神秘的起源，
以及能让有胆子喝下它的人感受到天旋地转
的感觉。

真正的僵尸鸡尾酒中大约含有 75 毫升
朗姆酒，以及 15 毫升的超高度朗姆酒。大
多数酒吧的僵尸鸡尾酒都会减少朗姆酒的用
量（控制在合理的范围），然后多加果汁来
降低酒劲。如果你点的僵尸是用高球杯盛的，
千万不要误认为这是一杯稀释的长饮鸡尾
酒——很可能只是用这种杯子盛的僵尸鸡尾
酒！这也是为什么酒单上通常都在僵尸鸡尾
酒旁边写上"每人限一杯"的警示语。

据说唐·比奇科默在 1934 年发明了僵
尸鸡尾酒。他的书里写道："我在 1934 年就

发明了这款酒，并一直为客人调制，任何人
否认这一点都是在说谎！"但是除了他在自
己的书里这样声称之外，没有其他的证据能
够支持他的说法。

有一本 1937 年的笔记从某些方面可以
证实这个故事：这本笔记的主人是比奇科默
的一名侍者，他确实在笔记中记录了一份僵
尸的酒谱。但是帕特里克·嘉文·杜菲在
1934 年出版的《调酒师手册》中也有一份僵
尸酒谱。虽然两个酒谱不完全一样，但是相
似程度很高。

无论谁是这款酒真正的发明人，有一点
毫无疑问，那就是僵尸鸡尾酒在提基文化兴
盛的 20 世纪 40—50 年代占据着主导地位
（1939 年在美国纽约举行的世界博览会上供
应了僵尸鸡尾酒，因此名声大噪），而这也
归功于比奇科默的餐饮帝国的成功。

不死的醉汉

◆

我希望我的不死的醉汉鸡尾酒是一款让人充满"震慑和敬畏"的提基风格的鸡尾酒，因此我会用一个透明的玻璃水瓶来盛放，下面垫上一些调过味的可食用木炭。我还打算加入一些干冰"烟雾"，并通过科学的手段在颜色上做一些变化。这一定会非常棒！

首先我先制作可食用木炭。用乌贼墨把蛋卷面团染成黑色，然后把蛋卷掰成一块一块的，烤成又硬又脆的状态。

把 7 克干酵母和 50 克糖倒入 130 毫升的温牛奶里，静置 5 分钟。

下一步，在立式搅拌机里放入 500 克面包粉、6 克盐和 60 克软化的黄油，并把它们混合在一起，然后倒入酵母液和 2 个打散的鸡蛋。重新启动搅拌机，直到所有材料都混合均匀，然后加入 15 克乌贼墨，揉 10 分钟。让面团醒 1 个小时后揉搓排气，分成 6 等份。把面团放在抹过油的烘焙纸上，盖上保鲜膜，放在温暖的地方发酵 1 个小时。把烤箱预热至 180℃，然后把蛋卷放进去烘烤 16 分钟。烤好后取出放在冷却架上放凉，然后把蛋卷再掰成木炭形状，喷上菜油，然后放回烤箱再烤 10 分钟，烤成脆的，然后取出彻底放凉。

我打算利用高中的化学知识和花青素的神奇特点，给鸡尾酒做出变色的效果。我在鸡尾酒调味那一章提到过（见第 25 页至第 27 页），花青素是一种天然的色素，根据不同的酸碱度会表现出不同的颜色（或者说根据鸡尾酒的酸度不同会表现出不同的颜色）：在酸性溶液中，花青素呈红色；在碱性溶液中，花青素呈蓝色。如果我把浓缩花青素和一种碱性物质（这里我使用的是小苏打）同时加入鸡尾酒，就会呈现蓝色，但是如果我

用酸把鸡尾酒中的碱中和掉，鸡尾酒就会呈现紫色，如果加入更多的酸，鸡尾酒最终会变成红色。这种梦幻般的戏剧效果其实非常安全，而且很容易实现，因为很多普通的食材中都含有花青素，比如紫甘蓝、血橙、紫玉米。我见过的最神奇的变色是用脱水浆果实现的，比如黑醋栗、马基莓、阿萨依果、野蓝莓和沙果。只需要把干浆果进行水合，然后加一些酸和碱，就可以观看变色秀了！

取 4 克冷冻干燥的马基莓放入碗中，加入 25 毫升水和 3 克小苏打，调制成指示液。

另取一个小碗，倒入 35 毫升过滤过的新鲜柚子汁（见第 39 页），并加入 2 克柠檬酸和 1 克苹果酸，调制成变色液。

取一个玻璃瓶，倒入 150 毫升 Pampero 陈年白朗姆酒、50 毫升埃尔多拉多 3 年陈朗姆酒、50 毫升三河拉姆朗姆酒（Trois Rivieres Rhum Agricole）、75 毫升法勒诺姆、5 毫升柯蓝苦艾酒、100 毫升澄清柠檬水、50 毫升糖浆、100 毫升水，然后放冰箱冷藏。

我用糖霜、肉桂粉和一些脱水血橙粉（脱水方法详见第 38 页）来装饰"炭块"。把玻璃瓶放在炭块上，然后倒入指示液，鸡尾酒就会从透明变成蓝色，当我加入 10 克干冰（见第 42 页至第 43 页），鸡尾酒会变成紫色，因为干冰会释放出碳酸，中和鸡尾酒里的碱性物质。最后加入变色液（酸），鸡尾酒又会变成红色。

等干冰停止冒泡后，就可以品尝鸡尾酒了。我用茶漏把鸡尾酒过滤了一下（确保鸡尾酒里没有剩余的干冰），然后倒入合适的酒杯就可以享用了。

热黄油朗姆酒

老式的混合饮料会采用乳制品来调味，这一点我非常喜欢。近代早期的鸡尾酒中多使用牛奶、奶油和黄油来作为调酒基础，但是这又是为什么呢？

在某种程度上是因为取材方便。现代社会，柚子汁可以送货上门，水果店里能买到8种樱桃，我们认为这都是理所应当的，但是在以前那个时代，交通和物流网络可以说是十分原始的，而且主要商品还具有优先运输的特权，比如烟草、棉花、武器和酒。在冰箱还没有发明出来的时候，想要在世界范围内运输新鲜易腐的商品是完全不可能的，因此当时调酒时用的材料都是在当地可以获取到的。

所以让我们来看一看这款在美国还是殖民地时期典型的冬天饮用的鸡尾酒……好，我们从隔壁第二户人家买来一些朗姆酒——[闻一下]味道有点冲，需要加一些水冲淡一些（当然要加热水，因为现在外面很冷）。[喝一口]嗯，味道有点淡了，让我们加一点

6个月前买来的干香料吧……[抿一口尝尝]好点了，还需要再加点糖，把酒味减弱一点……[咕噜喝一大口]现在好多了，只是还需要最后加一点……能把酒软化的东西……让鸡尾酒喝起来更顺滑……黄油！[咕噜咕噜全喝完了]

事实上，要想用有限的食材实现创造性的发挥，你需要把手头所有材料都混合在一起试一试。见鬼，如果我只有5种材料，其中一种还是老鼠的唾液，大概我也要试一试吧！其实人类是一种适应性非常强的物种，我们可以快速地跟上新的趋势和潮流，还可以忽略其中的不足之处，尤其是在喝酒的时候，而且热黄油朗姆酒确实很不错。

我们想到朗姆酒的时候，通常都会想到牙买加、巴巴多斯、波多黎各这些地方，但是其实美洲殖民地的朗姆酒生产、交易和消费量也都非常大。像新英格兰这样的地方，在永久地推动朗姆酒和糖蜜三角贸易发展方面发挥了很大的作用。实际上，相对于加勒

50 毫升百加得 8 年朗姆酒

15 克软红绵糖

150 毫升热水

15 克黄油

肉豆蔻碎

•

取一个高的带把手的玻璃杯，倒入朗姆酒，糖和热水，搅拌至糖完全
溶解。加入黄油，然后撒上一些肉豆蔻碎。待黄油融化后就可以喝
了——如果你不想喝的满嘴都是黄油的话，最好搅拌一下。

比海岛大量炮制出来的朗姆酒，许多殖民地的朗姆酒品牌获得了较高的赞誉。到了美国获得独立并且结束内战的时候，朗姆酒的生产完全停止了。波本威士忌成了美国人的新宠——毕竟，波本跟"英国佬"完全没有联系，还可以用美国南部产量丰富的玉米来大量生产。

因此，近几年美国境内有一些酿酒厂开始生产朗姆酒，包括田纳西州的普理查德、得克萨斯州的雷利恩，还有科罗拉多州的蒙塔尼亚，这真的是个很好的消息。

热朗姆酒糊

查尔斯·布朗在 1939 年出版了《枪支俱乐部烹饪手册》，书中提到热黄油鸡尾酒中的黄油是润泽胡须用的，而由于它可以让鸡尾酒的质地变得油润，因此可以达到最理想的润泽胡须（实际上是上嘴唇涂油）的效果。事实上对于黄油的确切作用我们了解的并不充分，但是在我看来，黄油主要是用于改变鸡尾酒的质地，这样鸡尾酒可以很顺滑地从食管滑下去。热黄油朗姆酒并没有达到这样的效果，原因如下。

脂肪和水是不能互溶的。水分子中的氧是正离子，而氢是负离子——这使得水分子成为一个具有磁性的分子，可以吸引其他的水分子。脂肪和油脂一般是中性的，没有电磁场。因此，热黄油朗姆酒中的水分子会聚集在一起，而脂肪则被分离出去，浮在鸡尾酒的表面。从触觉和味觉的角度来说，这并不理想。从质地上讲，鸡尾酒的表面是一层油脂，酒体本身则比较清淡。饮酒者在喝的时候可能喝到酒体（朗姆酒、糖和水）或者是油脂。即使喝的时候可以同时喝到两种成分，大脑也可以有效地分辨出这两种成分是不同的，并分别反映出油脂和水溶液两种不同的感觉，这种感觉很像吃分层的荷兰沙司。制作精良的荷兰沙司口味丰富，尽管含有很高的脂肪，但是吃的时候却感觉不出来。如果荷兰沙司制作不当（分层），就会出现

热朗姆酒糊

---◆---

草莓啫喱

500 克新鲜草莓 · 300 毫升苹果汁 · 2 克琼脂粉

5 克吉利丁片 · 30 毫升精制白砂糖

•

把草莓和苹果汁倒入搅拌机中搅拌成泥，然后用粗筛或过滤器过滤。

•

把 1/4 过滤液倒入平底锅，加热至沸腾，然后加入琼脂粉。把锅从火上移开，加入剩余的过滤液，然后冰浴冷却。

•

待啫喱凝固，用搅拌棒轻轻搅碎，用平纹过滤布过滤，收集过滤出来的果汁，应该是浅粉色的。注意不要弄进去任何颗粒物或块状物。过滤时可以搅动啫喱，尽可能多地收集果汁，避免混入啫喱块。

•

取 1/4 过滤过的果汁，加热到 70℃，加入吉利丁片和糖，待溶解后从火上移开，加入剩下的果汁。最后把果汁倒入模具中，放入冰箱冷藏至凝固。

热朗姆酒糊

150 毫升热红茶 · 45 毫升百加得 8 年朗姆酒

10 克糖 · 2 克卵磷脂粉 · 20 克黄油

1 克盐 · 草莓啫喱

•

把热红茶、朗姆酒和糖放入搅拌机，加入卵磷脂粉，搅拌 30 秒，或者搅拌至卵鳞脂粉充分溶解。

•

用平底锅把黄油稍微融化，然后在搅拌机持续搅拌的状态下，将黄油缓慢倒入搅拌机。继续搅拌 20 秒，这时液体应该已经充分乳化了。

•

上酒时，把混合物倒回平底锅，加热到大约 70℃，或者加热至即将沸腾的状态。倒入隔热杯，用一块草莓啫喱装饰。

•

注意：如果你能买到多功能食物料理机，就可以同时进行加热和搅拌。

---◆---

油脂从乳化的沙司中析出的现象，马上就会让人尝出油腻的口感，非常难吃。如果把它制成乳化液（油脂和水分子充分混合的混合物），那么质地和口味都会大大提升。

那么怎样才能把黄油和水制成乳化液呢？就荷兰沙司（或者蛋黄酱）而言，主要是蛋黄在起作用。蛋黄中含有蛋白质，蛋白质是一种表面活性剂（见第46页至第49页），同时具有亲水性和亲油性，因此可以把水和脂肪和谐地结合在一起。这种水中含油的乳化液通过表面活性剂的作用把两种液体混合在一起，最后油脂分子变得非常好，使乳化液变成不透明的稠厚的奶油质地。

如果在热黄油朗姆酒中使用蛋黄，无疑会把鸡尾酒变成朗姆水煎蛋！但是可以用卵磷脂粉或其他类似的表面活性剂。从烹调的角度来说，我们有几百种乳化配方，而从调酒的角度来说，我们可以调制一种完全乳化的热黄油朗姆酒。

我的酒谱中加入了一些其他材料，可以使朗姆酒和黄油完美地融合在一起。

红茶和草莓都可以跟朗姆酒和黄油很好地搭配。与传统的热黄油朗姆酒相比，我的这份酒谱有点偏向于早餐形式，但其实一天中的任何一个时间都可以喝，尤其是天冷的时候！你会注意到它的口味非常丰富，但是不会察觉出任何油脂残留物。黄油和糖的用量可以根据味道进行调整。草莓啫喱会慢慢融化，把黄油和酒乳化成一体，在喝的时候可以尝到很浓的果香味。

龙舌兰酒

在所有的烈酒话题中，关于龙舌兰酒的起源国家的争论是最为激烈的。

一切还要从普普通通的龙舌兰说起。阿芝特克人、托尔铁克人和奥尔梅克人对于龙舌兰有着很大的依赖性，因为这是神的创造，是一种最受尊敬的植物。龙舌兰是一种大型纤维植物，具有很厚的带刺的叶片。人们经常把龙舌兰误认为仙人掌，但是实际上龙舌兰是单子叶开花植物，跟丝兰（短叶丝兰树）的关系很近，是芦笋的表亲。

西班牙远征军在1521年到达墨西哥，并带来了蒸馏技术。要横穿大西洋，把白兰地带到殖民地的成本很高，因此最好能在新世界找一些当地种植的能发酵的材料来酿酒。在墨西哥，龙舌兰是最好的选择，就这样麦斯卡尔酒诞生了，即龙舌兰的中心烘烤后发酵蒸馏得到的汁液。

往前再跳几百年，墨西哥哈利斯科州一个叫特基拉的小镇因为出产优质的麦斯卡尔酒而闻名，这里的麦斯卡尔酒是用蓝色龙舌兰的汁液做成的。世界上第一份生产龙舌兰酒的执照在1795年颁发给了卡洛斯四世国王。

在墨西哥有许多种不同的龙舌兰，但是只有蓝色龙舌兰可以用来生产龙舌兰酒。哈利斯科州出产了90%以上的龙舌兰酒，除了哈利斯科州之外，在墨西哥还有另外四个州具有合法生产龙舌兰酒的资格，它们分别是瓜纳华托州、米却肯州、纳亚里特州和塔毛利帕斯州。

蓝色龙舌兰需要7~10年才能成熟，成熟后龙舌兰收割人（Jimador）会用一种叫"coa"的工具（长柄前面带有圆盘形的刀片）来收割。收割时需要从龙舌兰的中心快速切掉厚厚的叶片。切掉的叶片有许多用途，比如制造燃料、麻绳、武器，甚至保湿剂。实际上，在1615年，西班牙神父弗朗西斯科·西曼奈斯这样描述龙舌兰："这种植物可以很大程度上为人类的生存提供所有必要的物质"。

被砍掉叶子的植物中心（西班牙语piña，它看起来很像菠萝）重量最高可达115千克，砍掉叶子后植物中心就会被拿去开始加工处理。首先，把它们煮沸，这样可以把淀粉转换成可发酵的糖。然后，把煮过的植物中心切块压碎，用水把可发酵的龙舌兰汁（蜜水）冲出来。紧接着就开始发酵了，发酵完成后得到辛辣的龙舌兰酒，然后把发酵成的酒进行蒸馏，最少蒸馏2次，有些龙舌兰酒甚至蒸馏3次，这样可以使酒液更纯净。

龙舌兰酒主要有两种：混合型（Mixto）和100%纯龙舌兰酒。在全世界龙舌兰酒的销售比例中，混合型龙舌兰酒占大多数。根据法律规定，混合型龙舌兰酒含有的蓝色龙舌兰提取糖至少要占比51%，其他的糖可以从别的植物中提取，但不能是其他种类的龙舌兰（主要的来源是甘蔗或玉米）。顾名思义，100%纯龙舌兰酒所用的糖全部都是从蓝色龙舌兰中提取的。混合型龙舌兰酒的口感更绵软，因为有一部分糖不是从龙舌兰中提取的，而纯龙舌兰酒的特点十分明显。如果喝起来不是纯龙舌兰酒，那就是混合型的。

龙舌兰酒的生产过程由龙舌兰酒规范委员会（Consejo Regulador del Tequila，CRT）严格规定。我还没有听说过哪种按地域分类的产品、酒或者别的什么东西比龙舌兰酒的管控更严格。CRT 的代表每天都会到访墨西哥境内的大约 75 家生产龙舌兰酒的酿酒厂,这真的令人难以置信。

龙舌兰酒的年份主要分三类:白色龙舌兰(Blanco)——通常没有经过陈化,但是可以存放 60 天;金色龙舌兰(Reposado)——意思是"静置过的",用 2 万升的橡木桶陈化 2 个月至 1 年;龙舌兰老窖(Añejo)——意思是"陈化过的",用 600 升的桶陈化 1~3 年。

玛格丽特

玛格丽特是从酸酒家族中发展而来的,边车(见第 115 页至第 116 页)和大都会(见第 100 页)都是它的同类。毫无疑问,玛格丽特在酸酒家族中是最年轻的一款鸡尾酒,在 20 世纪 70 年代之前几乎没有提到过鸡尾酒。话虽如此,在 1939 年的时候,查尔斯·H. 贝克提到过一种用龙舌兰酒和青柠调制的鸡尾酒。事实上,你随便拿起一本在 20 世纪 70 年代之前出版的鸡尾酒书,书中不可能提到龙舌兰酒,更不要说优质的纯龙舌兰酒了,那是在近代才在北美洲和欧洲出现的产品。

现在,尽管玛格丽特看起来脏兮兮的,结着盐块,又没什么历史,可以说是一款不入流的鸡尾酒,但偏偏人人都喜欢,而且整体效果更丰满,更均衡。青柠和龙舌兰酒之间有一种强大的亲密关系,来自橘皮甜酒或库拉索利口酒的干涩的橙味提升了优质龙舌兰酒中蔬果和泥土的香味。盐边(可以有也可以没有)可以对青柠的酸味起到缓冲的作用,实际上减轻了对舌头的刺激,因此我认为加了糖的玛格丽特就不必再做盐边了,但这并不是说没有加糖的玛格丽特就必须做盐边,这真的是根据个人喜好而定的。如果你喜欢做盐边,一定要用盐屑,不要用食盐,因为食盐太细了,会让鸡尾酒的味道像渔夫的袜子一样。

玛格丽特可以搅拌,但是摇和是最正宗的做法。经典的 2:1:1 比例(任何品牌的龙舌兰酒、库拉索利口酒和青柠)放之四海而

20 毫升新鲜青柠汁，另加 1 块青柠
海盐屑
40 毫升司卡勒 23 金色龙舌兰酒（Calle 23 Reposado tequila）
20 毫升皮埃尔费朗橘皮甜酒

•

用一块青柠把碟形杯的杯口沾湿，然后蘸上海盐屑做成盐边（只在外侧）。

把所有液体混在一起，加入冰块摇和，然后过滤到准备好的酒杯中，马上为客人上酒。

注意：用 10 毫升龙舌兰糖浆代替库拉索利口酒，改用岩石杯，这样改动效果非常好。这种酒被称为"汤米的玛格丽特"，已经被调酒界普遍认可，比原版的好喝！

皆准，这真是太好了。最后，你调出来的鸡尾酒可以让你酩然大醉，可能裤子掉了都不知道。

治愈系玛格丽特

这个在经典玛格丽特基础上的改良版是来自我对一系列龙舌兰酒做的感官分析，思考哪些味道能和龙舌兰酒进行很好的搭配。龙舌兰酒的味道非常特别，这是来自龙舌兰这种植物本身的味道，也来自把植物中的淀粉转换成可发酵糖的蒸煮过程。馏出物具有蔬菜的味道，还伴有花朵的芳香、明快的柑橘味、香料味、黑胡椒味、干燥的泥土味、盐水味、热带水果味、烤水果味、发酵水果味、鲜切水果味，或者熟透了的水果味。有一次在一个品酒会上，我注意到酒里有一种饶有趣味的咸味，让我想起了干曼萨尼亚雪莉酒，或者是海港中刚刚打捞上来的鲜鱼。这个玛格丽特的改良版就是表现出这个味道，有些白色龙舌兰酒里会有这种味道。

我最先想到的是雪莉酒，这似乎是最能搭配龙舌兰酒的了，可以给鸡尾酒带来干涩的口感，有些雪莉酒还有咸味。这让我想到了西班牙和墨西哥的关系，还有 16 世纪的远征军。在那个时代，西班牙殖民地大力推行蒸馏技术，但是许多产品还是从大西洋彼岸运送过来。1587 年，弗朗西斯·德拉克爵士洗劫了西班牙的无敌舰队，抢夺了大约 2900 桶原本要运往中美洲殖民地的雪莉酒。商船还会运输一些在欧洲出售的果脯，有时候是干果，有时候是泡在酒里或醋里的。这种为了保存和运输水果而采取的腌渍方法在当时也不是什么新鲜事了，但是在那个时代，横穿大西洋的航行需要至少 6 周的时间，这种方法是非常实用的。这些腌渍的水果香甜酒就是席拉布，而当时的主要目的是为了保存水果和蔬菜，以免腐坏。而幸运的是，这样腌渍的副产品就成了风味酒或者风味醋。现在，有些调酒师进行腌渍的目的就是制作风味醋，用来调鸡尾酒用。

在鸡尾酒里用醋听起来有点奇怪，但所能达到的效果可能超乎你的想象。首先，醋是用酒精制成的，无论是红酒、啤酒（麦芽酒）还是雪莉酒都能产生醋，而酒精中的一些很特别的成分被带到了醋里。其次，醋是酸的，就像柠檬或青柠一样。当然，这是醋酸而不是柠檬酸，但是如果调制得当，醋可以给鸡尾酒带来很有意思的变化。对于这款酒来说，我用雪莉酒醋制作了一款青柠席拉布。我想要把青柠的味道在鸡尾酒中突显出来，但是青柠皮里的油脂成分对于鸡尾酒的作用其实跟果汁差不多。

右图中的这款酒，我选用了树叶图案装饰的玻璃杯，看起来像龙舌兰植物一样。特基拉镇及其周边的土壤质地十分奇怪，我第一次去墨西哥的时候就发现了这一点。土壤的颜色是深红色，里面还有亮闪闪的物质。我希望在呈现这款酒的时候也可以在桌上模仿出这样的特别的效果，我还打算用小陶盘盛一些油炸调味鱼来搭配。油炸调味鱼是用柑橘汁、醋和调味品腌制过的，它的风味应该可以很好地跟鸡尾酒搭配。

治愈系玛格丽特

◆

青柠席拉布

150 克酸青柠 • 5 克盐 • 400 毫升雪莉酒醋

•

把青柠皮、盐和雪莉酒醋混合在一起，用 60℃的温度进行低温真空浸渍 3 小时，然后进行过滤。把青柠席拉布装瓶后放入冰箱保存，可以保存数年之久。

治愈系玛格丽特

40 毫升田园 8 号陈酿龙舌兰酒

20 毫升皮埃尔费朗橘皮甜酒

10 毫升新鲜青柠汁 • 5 毫升糖浆 • 10 毫升青柠席拉布

把所有材料混在一起，加入冰块摇和，然后过滤到冷却过的玻璃杯里。

◆

龙舌兰酒和桑格丽塔

◆

440 毫升橘子或者克莱门氏小柑橘汁

200 毫升番茄汁 • 150 毫升石榴汁

100 毫升新鲜青柠汁

70 毫升糖浆

4 克海盐 • 2 克黑胡椒碎

5 毫升辣椒仔辣椒酱（或其他辣酱）

50 毫升田园 8 号白龙舌兰酒

•

桑格丽塔：把除了龙舌兰酒之外的其他材料混在一起，倒入
干净的瓶中，摇匀后放入冰箱冷藏 12 小时。

•

上酒时，取 50 毫升桑格丽塔，另外倒一杯 50 毫升的龙舌兰
酒，都用冷却过的烈酒杯。

◆

我觉得，喝龙舌兰酒最好的方式就是搭配一杯桑格丽塔：带有泥土味和辛辣味道的白色龙舌兰酒，搭配带有强烈酸甜味道的水果。很少有酒吧推崇这种方式，这使我很不解，因为这款酒调制起来非常简单。两种酒在对比之下，却能达到完美而和谐的效果，你会觉得它们是天生一对。

桑格丽塔（sangrita）的意思是"一点点血"（不要跟"sangria"这个词搞混，它的意思是"流血"）。

历史上，桑格丽塔是一款严格保密的鸡尾酒，除了哈利斯科人（墨西哥哈利斯科州的人）之外，很少有人知道桑格丽塔的存在，而知道酒谱的人就更少了。然而，随着龙舌兰酒越来越流行，对墨西哥文化品牌的推广力度也越来越大，其中就包括喝桑格丽塔的仪式。传统上，桑格丽塔被认为是"剩酒"，其中包含从一种叫"pico de gallo"的墨西哥调味酱里剩下的汁（"cockerel's beak"的意思是"小公鸡的嘴"——这个词跟鸡尾酒"cocktail"很相似）。随着桑格丽塔的发展，普遍用到的果汁有芒果汁、木瓜汁、石榴汁、橘子汁，还有黄瓜汁。现在，番茄汁也是常用的果汁，可以做出红色的效果，但是以前人们只用辣酱和石榴来做出红色的效果。有些人可能会说，许多欧洲国家和美国的桑格丽塔的表现形式都不是原汁原味的墨西哥桑格丽塔。我对此有不同意见，龙舌兰酒和桑格丽塔的饮酒方式跟世界上其他传统鸡尾酒的饮酒方式相比，保留得还是很完整的（脑子里马上想到的是莫西多和戴吉利）。

事实上对于桑格丽塔来说，至今还是保留着一定程度的神秘感。有些酒吧不提供这种酒，有的甚至都没有听说过这种酒。也许有人需要调制这种酒，所以我在书中写出来了。理想情况下，这款酒不能当场从头开始调制，而是需要对味道进行完美的平衡，包括甜度、酸度、果味，尤为重要的是香料。

许多供应桑格丽塔的酒吧会对酒谱严格保密，甚至以命相护。如果你向一个调酒师索要他的桑格丽塔酒谱，那是非常失礼的，就像让魔术师告诉你他们是怎么变魔术的一样——他们不会告诉你的。

闪电桑格丽塔

这款鸡尾酒的目的是跟龙舌兰酒搭配，调和所有主要的味觉——甜、酸、咸、鲜、苦、涩、金属味、油脂味、清凉味，还有香料味。我的想法是让龙舌兰酒刺激味觉，而桑格丽塔可以通过过度刺激来恢复味觉——这有点像对舌头的全身按摩。酒的名字也反映出它的强烈的味道，但是也 [可能] 是代表一段神话传说，讲的是世界上第一种由于闪电雷击而产生的龙舌兰酒。

烟熏的味道对于人类的吸引力真的很奇怪。无论是泥炭味道很浓的苏格兰威士忌、黏黏的烤肋排，还是烟熏奶酪，里面都含有木头燃烧释放出的金属羟基化合物和酚类化合物，这些物质可以让人产生放松和舒适的感觉。可能几千年前的人类使用篝火和木柴炉让这种气味和味道在我们的大脑中根深蒂固，让我们认为"这是人间美味"。

我打算在闪电桑格丽塔上面罩一个玻璃罩，里面充满烟雾。我的想法是让酒的表面轻轻沾上周围的烟雾，但是酒杯里的酒不会被这种强烈的木质味道影响。

然后，我想要加入一些像矿物质一样的泥土味的东西。要想把石头的味道加进去是十分困难的，但是近段时间，打火石变成了非常流行的调酒材料，因为它质地很干净，而且是矿物质的味道。我为这款酒准备了打火石糖浆，加入了甜味、干味，还有脆脆的口感，让鸡尾酒几乎变成金属口味。

最后一点，也是很重要的一点，我用了一点点铝盐，这种盐通常用来在酸渍和盐渍时保持食物的脆性，还能给桑格丽塔加入一种干涩的口感。

闪电桑格丽塔

打火石糖浆
200 克打火石粉

500 毫升水

700 克糖

•

把打火石粉在水里浸泡 24 小时。

•

把打火石粉水倒入平底锅，加热至沸腾，然后用咖啡滤纸过滤，立即加入糖并搅拌至溶解。放入冰箱冷藏 1 个月。

闪电桑格丽塔
150 毫升新鲜血橙汁

100 毫升鲜榨黄瓜汁（见第 36 页）

100 毫升鲜榨石榴汁

100 毫升调味番茄水（见第 106 页）

50 毫升新鲜青柠汁

50 毫升打火石糖浆

25 毫升橄榄油 • 3 毫升辣椒仔辣椒酱 • 3 克新鲜薄荷叶

3 克黑胡椒碎 • 2 克海盐 • 0.2 克铝盐

50 毫升田园 8 号白龙舌兰酒

•

桑格丽塔：把除龙舌兰酒之外的所有材料混在一起，放在冰箱冷藏 5 天。

•

上酒时，取 50 毫升桑格丽塔，50 毫升龙舌兰酒，分别盛在两个烈酒杯里。把两个酒杯放在玻璃罩下，然后用烟枪加入豆科灌木烟雾（见第 45 页）。

鸽子鸡尾酒

"Paloma"是西班牙语，意思是"鸽子"——这拿来当鸡尾酒的名字也挺可爱的——但是长久以来我一直想要找出这种鸟和这款鸡尾酒之间的关系。经过大量的研究，我发现了龙舌兰和某些种类的鸽子之间的联系，某些种类的鸽子的高度腐蚀性的粪便对于龙舌兰种植园可以造成严重的破坏。所以如果你的龙舌兰种植园被腐蚀（这种事时有发生）——问题很可能就出在鸽子身上。我的朋友托马斯·艾斯迪斯是一位龙舌兰酒专家，我在就这一问题向他请教的时候，他告诉我在墨西哥，"Paloma"这个词有时候是一种粗鲁的说法，指女性的下体，当然这之间的联系有些牵强。这个话题到此为止。

在大多数西方国家，我们把龙舌兰酒混在玛格丽特里喝，或者是作为一种仪式（盐和柠檬，或者地狱龙舌兰）。而在墨西哥，到目前为止最流行的龙舌兰酒喝法——不是直接对瓶吹——而是喝这种精致的鸽子鸡尾酒。甜味、酸味、苦味和咸味汇集在一起，使这款酒能够燃起激情，在墨西哥雨季的湿热气候下是非常受欢迎的。

一般来讲，鸽子鸡尾酒是用龙舌兰酒、新鲜青柠汁、气泡柚子苏打水和盐（可以放也可以不放）调制而成。在墨西哥，最流行的苏打水品牌是"Squirt"。当然也有其他品牌的苏打水，比如"Jarritos"和"Ting"这两个牌子也很有名。如果你买不到上面这几种苏打水，可以用相同分量的新鲜柚子汁和苏打水，再加一点糖，自己调出来的气泡柚子苏打水也很好。

遗憾的是，关于这款酒的发明者终究是个谜。有些说法认为鸽子鸡尾酒的发明者是唐·哈维尔，他是龙舌兰镇著名的教堂的所有者。但是这又有点不太可能，因为唐是由于创作了巴坦加鸡尾酒而闻名的，尽管鸽子鸡尾酒比巴坦加鸡尾酒更流行（但它们都很好喝）。巴坦加鸡尾酒是用龙舌兰酒、青柠、可乐和盐调制而成。

50 毫升田园 8 号金龙舌兰酒

10 毫升新鲜青柠汁，加 1 块青柠，装饰用

气泡柚子苏打水，加满杯

•

在冷却过的高球杯中放入冰块，然后倒入所有材料，用一块青柠装饰。

•

注意：你也可以用 75 毫升新鲜柚子汁、75 毫升苏打水和 10 毫升糖浆调
成气泡柚子苏打水。

先锋派鸽子鸡尾酒

这款酒的发明要归功于托马斯·艾斯克，他在 2009 年的时候调出了这款改版的鸽子鸡尾酒。这款酒是珀尔酒吧第一份酒单上被列为共享鸡尾酒的一款酒。

这款原创鸡尾酒是用苏打虹吸瓶盛放的，并且用新鲜柚子汁代替了气泡柚子苏打水——因为苏打虹吸瓶本身就可以生成气泡。这种瓶子非常好用，因为你可以在夜晚来临之前把酒提前准备好，等到客人点单的时候可以迅速为客人上酒，而且能够保证鸡尾酒的质量。

我打算把这款酒装瓶保存。我是希望人们觉得这是一款市场上售卖的有品质保证的商品。遗憾的是市场上很多老式的苏打虹吸瓶都被替换成了塑料瓶。如果在打开瓶盖的时候能听到那种气体跑出来的嘶嘶的声音，就更能够勾起人们的怀旧情怀！

二氧化碳充气是把二氧化碳分子在液体中溶解的过程。大多数人都有家用碳酸化器，或者用过家用碳酸化器，最有名的碳酸化器品牌是 SodaStream™。二氧化碳可以在水中轻微溶解，但是如果对其加压，就可以充分地溶解了。市场上能买到的苏打水、香槟和啤酒都是用加压的方法充入二氧化碳的。当你打开苏打水的瓶盖时，压力释放，二氧化碳瞬间从溶液中释放出来。当瓶口连续打开，再次被密封的时候，二氧化碳气体就会聚集在液体上方的空间里，当你打开瓶盖的时候就会立即释放。苏打虹吸瓶可以很好地保持液体里的气泡，因为当瓶子被密封的时候，空气是无法进入内部的，也就意味着瓶内的系统始终保持对二氧化碳加压（并利用这种压力把液体从瓶口喷射出来）。

先锋派鸽子鸡尾酒

◆

柚子浸渍液

2 升新鲜红柚汁

3 克粉红胡椒粒

2 克芫荽种子

5 克盐 • 25 克龙舌兰糖浆

2 克柠檬酸 • 1 克抗坏血酸（维生素 C）

•

把红柚汁、胡椒粒、芫荽种子和盐混合后加热到 62℃，并保温 30 分钟，给果汁杀菌。（不要把果汁加热过度，否则会削减果汁的风味。）

•

把杀菌后的果汁用平纹过滤布过滤，然后用咖啡滤纸再过滤一次。趁液体还温热的时候，加入龙舌兰糖浆和各种酸，搅拌均匀，放凉即可。

先锋派鸽子鸡尾酒

1.5 升柚子浸渍液

500 毫升司卡勒 23 金色龙舌兰酒

•

这是 10 瓶的量

•

把柚子浸渍液和龙舌兰酒混合在一起，并放入冰箱冷藏。

•

把酒倒入苏打虹吸瓶，然后摇晃。把鸡尾酒灌入 200 毫升的瓶中，注意压力参考值——不要过度加压！——然后密封。上酒的时候要用冷却过的高球杯，加上冰块。

•

注意：一定要选强度高的瓶子，不能有裂纹。可以跟制造商联系，确认一下你用的玻璃瓶或塑料瓶是否适合制作这款酒。如果你在 24 小时之内就要为客人供应，那么就没有必要对瓶子进行杀菌消毒了。

◆